画像生成AIと著作権について知っておきたい50の質問

ニャタBE
花井裕也
谷 直樹 共著

Ohmsha

登場人物紹介

ニャタBE《べ》

イラストレーター。新技術の活用には賛成だけれど、現状の画像生成AIはガイドラインが整備されておらず、問題も多いため、仕事には使えないというスタンス。自作品をi2iに入力することは禁止している。

花井《はない》 裕也《ゆうや》

エンジニア。画像生成AIの開発を通じて新しい表現の可能性を模索しつつ、画像生成AIをめぐる倫理的な課題解決にも取り組んでいる。

谷《たに》 直樹《なおき》

弁護士。知的財産領域の新しい課題としても、中小企業の法務でこれから取り組む可能性のある課題としても、画像生成AIと知的財産権の問題に関心がある。

司会者

この鼎談《ていだん》の司会者。突然社会実装された画像生成AIサービスの動向が気になっており、各分野の専門家にお願いして議論の場を設けた。

はじめに

二〇二二年、複数の画像生成ＡＩサービスが相次いで公開されました。それ以降、画像生成ＡＩについて法と権利と倫理をめぐる議論が、現在（二〇二三年秋）に至るまで世界中で続いています。この本は、そういった議論における法律・倫理・技術などに関連する疑問を集めて、次に示す、異なる立場の三名による回答や意見を対話形式でまとめたものです。

ニャタBE

イラストレーター。キャラクターデザイン・ゲームイラストなどを中心に活動。３ＤＣＧやフォトバッシュなどの新しい技術を積極的に取り入れている。二〇二二年から、実験的に画像生成ＡＩをアイデア出しなどに利用したイラストをＳＮＳで発表している。

花井裕也（株式会社アブストラクトエンジン）

エンジニア。所属はアート・エンタテイメント領域の企画・制作・広告・演出などを行うクリエイティブ企業。二〇二二年より、パブリックドメインと許諾を得た画像のみを学習した画像生成ＡＩ「Mitsua Diffusion One」およびAI VTuber「絵藍《えらん》ミツア」プロジェクトを開始。

谷 直樹

弁護士。長崎県弁護士会所属。長崎国際法律事務所代表。知的財産、および中小企業の法務が専門。画像生成ＡＩ周辺の知的財産権に関心をもっており、Kindleで電子書籍を発表している。

現時点では、画像生成ＡＩをめぐる問題の多くは「これが正解」という端的な回答が得られるものではありません。法的な問題は判例がなく明言できる要素が多くありませんし、倫理的な問題は立場や価値観によって基準が左右されます。そのため、本書は「議論への正しい回答を示すこと」ではなく、「それぞれの立ち位置からの見解を示し、課題や可能性を指摘し、知識を共有すること」を目的としています。また、五〇題の質問以外に、著作権法の初歩的な説明を補論として掲載しています。

本書が想定する読者対象は、画像生成ＡＩに対する賛成・反対の立場にかかわらず、イラストレーターの方、画像生成ＡＩを利用している／利用しようと思っている方、および生成ＡＩの開発者の方です。また、イラストレーター以外のクリエイティブ職の方や、クリエイティブ職の方にお仕事を依頼する企業の方、画像生成ＡＩの知識を得たい法律職の方にも有益な内容です。ぜひご一読ください。

二〇二三年一〇月　著者一同

目次

CHAPTER 1

画像生成AIと著作権の基本

CHAPTER 2

生成モデルと著作権

CHAPTER 3 学習データをめぐる問題

CHAPTER 4

生成AIをめぐるトラブルと対処法

CHAPTER 5

画像生成AIの課題と未来

CHAPTER

1

画像生成AIと著作権の基本

Chapter 1では、画像生成AIと著作権について議論するために必要となる、基本的な知識を解説します。

［解説するおもな内容］

- ▶画像生成AIとはなにか?
- ▶著作権法三〇条の四とはなにか?
- ▶AIイラストに著作権はあるのか?
- ▶AIイラストは商用利用できるのか?

QUESTION

01–09

QUESTION

01

画像生成AIってなんですか？

Ⓐ「データを入力すると画像を出力する機械学習システム」です。Midjourney や Stable Diffusion が有名です。

本題に入る前に、**画像生成《がぞうせいせい》AIとはなにか、という定義**を共有しておきましょう。

いわゆる「お絵かきＡＩ」のことですよね？　イラストを量産するＡＩ。

その認識でおおむね合っていますが、もうちょっと細かく確認しておきます。

画像生成ＡＩとは、データを入力すると画像を出力する機械学習システムのことです。**機械学習《きかいがくしゅう》**とは、大量のデータにより訓練することで、コンピューターで特定の**タスク**＊1を実行できるようにする技術のことです。なお、機械学習が具体的な技術を指す言葉であるのに対して、**AI**《エーアイ》（Artificial Intelligence：人工知能）はより広範な概念を表す言葉です。機械学習はここ十数年で飛躍的に発展した分野で、単にＡＩといったときに、機械学習の

＊1
タスク
作業や課題のこと。機械学習においては、その機械学習モデルが解決するべき課題を指す。代表的なタスクとして、「生成」「分類」「最適化」などがある。

みを指しているケースは珍しくありません。

この機械学習の概念をもとに画像生成ＡＩを説明すると、**大量の画像データにより訓練することで、コンピューターで「文章や画像を入力すると新しい画像を出力する」というタスクを実行できるようにしたシステム**、ということになります。

この「学習」は、画像生成ＡＩに関する法や倫理の議論でたびたび争点となっています。

そうですね。「学習」については、Ｑ２でくわしく説明します。

おそらく今後触れることになるので、具体的なサービスも紹介しておきます。まず、二〇二二年に発表された**DALL·E 2**《ダリツー》[*2]と**Midjourney**《ミッドジャーニー》[*3]と**Stable Diffusion**《ステイブルディフュージョン》[*4]です。この三つを皮切りに、画像生成ＡＩサービスが次々に発表されました。また、同年十月に画像生成機能が実装された**NovelAI**《ノベルエーアイ》[*5]も、この議論において重要なサービスの一つです。

Stable Diffusionは、僕も趣味のイラストを描くときにアイデア出しで使うことがあります。でも、Stable Diffusionにかぎらず、いまの画像生成ＡＩを仕事に使うのはリスキーですし、使いたいとも思えません。どうすればＡＩがクリエイターにとって有用なツールとなるのか模索しているところなので、今日は有意義なお話が伺えると嬉しいです。

＊2
DALL·E 2
二〇二二年四月にOpenAIが発表した画像生成ＡＩサービス。

＊3
Midjourney
二〇二二年七月にアメリカの同名の研究所が発表した画像生成ＡＩサービス。

＊4
Stable Diffusion
二〇二二年八月にリリースされたアメリカの新興企業Stability AIによる画像生成ＡＩの公開基盤モデル。Dream StudioやClipdropなどのサービスがリリースされている。

＊5
NovelAI
アメリカのAnlatan社が運営する生成ＡＩサービス。画像のなかでも、とくにイラストの生成に特化している。

QUESTION
02
作者に無断でＡＩにイラストを学習させるのは違法ではありませんか？

Ⓐ 原則として違法ではありません。
ただし、例外として違法になるケースもあります。

作者に無断で著作物であるイラストを利用する行為は、通常であれば作者の著作権を侵害するものとして違法となります。しかし、ＡＩの学習用のデータとしてイラストを利用する行為は、**著作権法三〇条の四**[*6]により適法に行えるとされています。

生成ＡＩと法律の話をしているときに、よく出てくる条文ですね。

はい。著作権法三〇条の四（以降、三〇条の四）とは、**特定の条件下において著作物の利用が著作権侵害とならない旨を定めたもの**です。そのなかでも、三〇条の四の二号に「多数の著作物を情報解析に使用するケース」が挙げられており、ＡＩによる学習は、まさに

＊6
著作権法三〇条の四
「著作物の表現を直接人間が享受することを目的としない利用」において、著作権侵害とならない条件を定めた規定。

この**情報解析に該当します。**したがって、たとえ作者に無断であったとしても、**他人のイラストをAIに学習させる行為は原則として著作権侵害とはなりません。**

あの、学習って当たり前のように使われている言葉ですが、明確には理解できていなくて。**AIの学習って具体的にどういうことですか？** よく「データを食べさせる」っていいますけど、AIにそのイラストを覚えさせるってことですか？

いえ、AIは学習したイラストをそのまま覚えてはいません。

まず、**学習**という工程自体を整理しておきましょう。画像生成AIの「学習」とよばれるものには、大きく分けて**事前学習**《じぜんがくしゅう》（Pre-training）と**ファインチューニング**（fine-tuning）の二種類があります。

　事前学習は、大量の学習データ……画像生成AIでいうなら大量の画像とテキストのペアとを入力して、基盤となる**モデル***7をトレーニングすることです。一方、ファインチューニングは、そのトレーニングが終わったモデルを調整するために行う追加の学習を指します。ざっくりしたイメージとしては、事前学習はアスリートとしての基礎体力づくり、ファインチューニングはそれぞれの競技のための練習と考えるといいでしょう。

*7
モデル
模型や模範を意味する言葉。機械学習においては、「生成」など特定のタスクをこなすために調整された大量のパラメータの集まりのこと。くわしくはQ11参照。

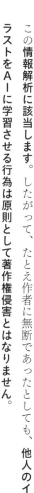

学習の流れ

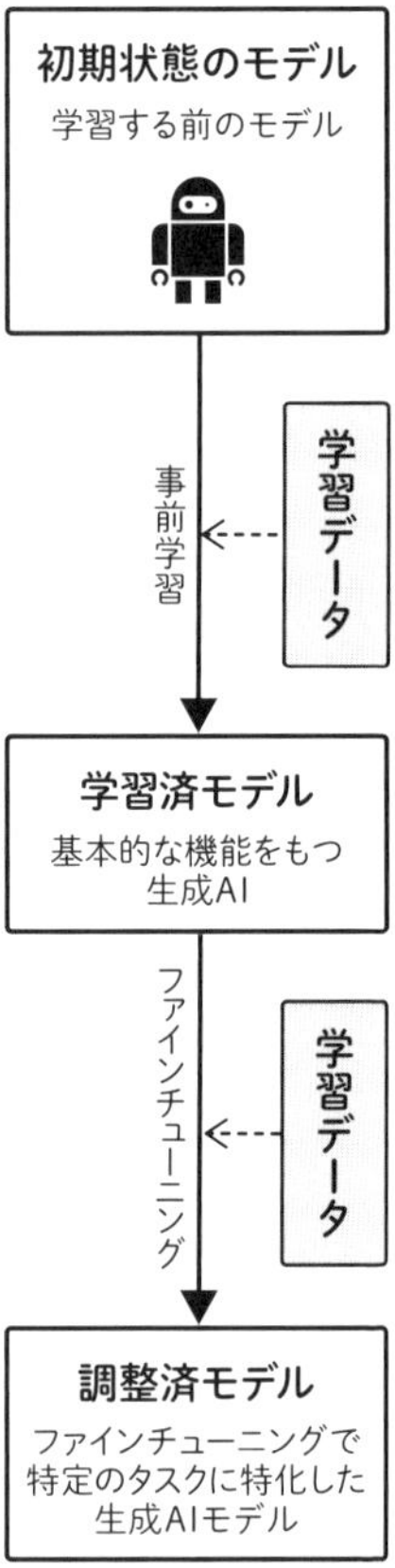

さて、この「トレーニング」の内容ですが、それは大量にある**パラメータ**を大量のデータによって最適化する作業のことです。パラメータとは、ちょっと正確ではありませんが、「特徴」といいかえると想像しやすいでしょう。たとえば人間には「年齢」「性別」「職業」などの特徴がありますね。こういった指標のことをパラメータだと思ってください。

僕の職業パラメータは「プログラマー」、ニャタBEさんの職業パラメータは「イラストレーター」、谷さんの職業パラメータは「弁護士」です。職業以外にも「性別」「年齢」「居住地」など、さまざまなパラメータを調整していけば、ある傾向をもった集団や特定の個人を表現できるでしょう。

データも同じです。データもさまざまなパラメータで表現することができます。

機械学習における学習とは、膨大な量のデータを入力することで、**モデルのパラメータ**

をタスクに対して最適な状態に調整することです。生成ＡＩのパラメータの数は非常に多く、たとえばStable Diffusionは八・九億個以上のパラメータをもっています。二〇億枚以上の画像を入力することで、膨大な量のパラメータを最適化しているんです。

つまり、**パラメータの調整のためにいろんな画像を学習することは情報解析に該当**し、「**いろんな画像**」**の作者の許可は不要**ということです。ただし三〇条の四では、「**著作権者の利益を不当に害する**」**場合には著作権侵害となる、**という例外も設けられています。

その「著作者の利益を不当に害する」とは具体的にどういうことですか？　たとえば、どれくらいの金銭的な損失が想定されれば不当といえる、とか。ここを知りたいクリエイターは多いと思います。

具体的にどういったケースであれば「著作権者の利益を不当に害する」といえるのかは、まだ裁判例などが蓄積しておらず確答できません。しかし、**違法・不適切な方法で収集したデータをＡＩの学習に利用**したり*8、できあがったＡＩから出力されたイラストが**学習に使われたイラストの著作者に重大な不利益を及ぼす**ようなケースでは、「著作権者の利益を不当に害する」としてＡＩによる学習への利用行為自体が著作権侵害として違法と

*8 学習データの収集における課題についてはＱ25・Ｑ27・Ｑ28を参照。

評価される可能性が考えられます。

生成AIにかぎらず、機械学習の学習データやその入手方法については、実はAI開発者のあいだでも著作権やプライバシー権に関する議論が行われています。画像生成AIであれば、いわゆる**リークモデル**[*9]は、倫理面のみならず法的にも危ういのではないでしょうか。

そうですね。また、それ以外にも、**特定の作家の著作物を模倣する作品を生成する意図で集中的にその作家の作品を学習させる行為**[*10]は、そもそも「著作物の表現を直接人間が享受することを目的としない利用」には該当しない可能性があります。文化庁作成のAIと著作権に関する資料[*11]では、「学習元の作品の本質的特徴を感じ取れる表現物の作成を目的とした学習行為」については「著作物の表現を直接人間が享受することを目的としない利用」には該当せず、三〇条の四は適用されないとの見解が示されています。

判例がなく具体例を挙げることが難しいのですが、**無断での学習自体は適法**で、しかし**特定の条件においては違法と判断されうる**、ということです。

*9 **リークモデル**
NovelAIへの不正アクセスにより広がったモデル、およびそれをもとにした派生モデルのこと。Q25を参照。

*10
画像生成AIにおいて、特定の作家の作品などを集中的に追加学習したモデルを**LoRAモデル**とよぶ。LoRAモデルに関する議論はQ29を参照。

*11
文化庁「AIと著作権の関係等について」
https://www8.cao.go.jp/cstp/ai/ai_team/3kai/shiryo.pdf

QUESTION
03
なぜ作者に無断でイラストを学習させることが許可されているのですか？

Ⓐ **AI関連技術の発展のために必要という政策的判断により、AIによる学習を適法化する法改正が行われたためです。**

AI学習での著作物利用を適法化する著作権法三〇条の四は、平成三〇年（二〇一八年）の著作権法改正により創設されました。この法改正の趣旨は、「情報通信技術の進展等の時代の変化に柔軟に対応できるようにするため」です[*12]。

時代の変化に対応するために追加したってことですね。「時代の変化」の例として「情報通信技術の進展等」と書かれていますが、**情報通信技術って具体的になんですか？**

このとき資料で例に挙げられていたのは、**IoT《アイオーティー》[*13]・ビッグデータ[*14]・人工知能**です。
この法改正によって実現できる具体例として、文化庁は「人工知能（AI）の開発のため

*12 文化庁「著作権法の一部を改正する法律（平成三〇年法律第三〇号）について」
https://www.bunka.go.jp/seisaku/chosakuken/hokaisei/h30_hokaisei/

の学習データとして著作物をデータベースに記録する行為」を挙げています。このことから、三〇条の四は「ＡＩ関連技術の発展を意図して、著作物をＡＩによる学習に自由に利用できるようにすること」を意図して作られたことがわかります。

経済のための特別扱いで、それまで駄目だったことを許可したってことですか？

その表現はちょっと恣意的に感じます。

この法改正以前にも、コンピューターによる情報解析目的での記録媒体への複製や翻案は、改正前の著作権法四七条の七で許されていました。**翻《ほん》案《あん》**とは改変のことです。

平成三〇年の法改正以前から、情報技術の発展に伴う著作権法の改正は行われてきました。私たちがいま使っているインターネットは、重いページでも一度アクセスすれば次回以降より早くアクセスできたり、Googleなどの検索サービスの検索結果一覧ページから個別のサイトの概要説明を読めたりします。これらは著作物を利用しているから提供できるサービスです。こういった状況に対応するため、これまでも法改正は行われてきました。

平成三〇年の法改正は、もともとあった規定をさらに進めて、複製・翻案を含む利用行為一般を適法化したものだといえます。

＊13
IoT
Internet of Thingsの略。パソコンやスマホなどの通信機器だけでなく、家電や車などさまざまな機器がインターネットにつながる状態を指す。モノのインターネットともいう。

＊14
ビッグデータ
人間では把握しきることが不可能な、多様で膨大なデータ群のこと。Volume（大量さ）、Variety（多様さ）、Velocity（処理速度の速さ）という特徴をもつ。機械学習の急速な発展には、コンピューターやネットワークの進歩によるビッグデータの登場が密接に関係している。

QUESTION

04

日本と海外では著作権法に違いがあります。国内では適法だとしても、他国のイラストを学習した場合は違法になりませんか？

Ⓐ 日本の著作権法で適法とされていたとしても、他国の著作権法が適用されて違法と評価される可能性はあります。

この質問はとても込み入った法律の解釈が関わってくるので、かんたんに説明することが難しい問題です。論点を整理しながら進めましょう。

まず、「日本と海外では著作権法に違いがある」という点についてですが、これはそのとおりです。著作権に関する法律をどのように定めるかは基本的に各国に委ねられていますから、日本と外国とで著作権についてしくみが異なることはありえます*15。

たとえば機械学習について、日本の著作権法では三〇条の四という条文がありますが、アメリカの著作権法にはこれと同一の規定はありません。その代わり、「批評・論評・

*15 著作権に関する国際的な条約として**ベルヌ条約**があり、日本も加盟している。ただしベルヌ条約加盟国どうしでも、まったく同じ著作権法をもつわけではない。また、加盟していない国も存在する。

時事報道、教育・研究等のための公正な利用は著作権侵害とはならない」とする規定が設けられています。これは**フェアユース**＊16（＝公正な利用）とよばれる法理を条文化したものです。

フェアユースって、アメリカ以外の国でも聞く概念ですよね。報道とか批評とかが目的なら著作物を使ってもいいよって決まりだと思ってるんですけど、これで合ってますか？

おおまかにはその理解で問題ありません。「商用か非営利か」「単なるコピーでなく新たな表現が追加されているか」など、考えるべき点はたくさんあるので詳細な説明は省きますが、**フェアユースでは用途などさまざまな条件を総合的に考慮して、問題なければ著作物を利用できます。**

日本では、ＡＩ学習へのイラスト利用は三〇条の四で適法かどうか判断されますが、アメリカでは、このフェアユースの法理に従って判断されます。

ありがとうございます。ちなみに、日本の三〇条の四とアメリカのフェアユースって、どっちが厳しいんですか？

＊16 **フェアユース**
日本では「公正使用」「公正利用」ともよばれる。使用目的以外にも、オリジナルの要素が大部分を占めていないかどうか、大部分でなくても本質的な部分にオリジナルが用いられていないかどうか、オリジナルの利益を損ねるものかどうか、などが考慮される。

単純な比較は難しいですが……一般論としては、日本の三〇条の四がかなり広くＡＩ学習を適法化するのに対し、アメリカのフェアユースの法理はさまざまな事情を総合的に考慮するので、「日本の法律では許されていても、アメリカの法律では違法となる」というケースは十分ありうるかと思います。つまり、**どの国の法律が適用されるかによって、著作権侵害となるかどうかの結論が変わる可能性がある**ということです。

ただし、次に問題となるのが「問題となっている利用行為に対して、どの国の法律を適用すべきか」ということです。これは**準拠法**《じゅんきょほう》*17の選択の問題です。

ある行為が著作権侵害かどうか問題となっている場面において、どの国の法律が適用されるかについてはさまざまな学説があり、裁判例も固まっていません。日本には、準拠法を決める際のルールとして、**法の適用に関する通則法***18とよばれる法律があります。しかし、このなかには「著作権侵害で適用される法律を決める明確なルール」は示されていません。

「法の適用に関する通則法」は、不法行為について適用される法律の決めかたについて「**加害行為の結果が発生した地**（結果発生地）**の法による**。ただし、その地における**結果の発生が通常予見することのできないものであったときは、加害行為が行われた地**（**加害行為地**）**の法による**」というルールを設けています。著作権侵害は一般に不法行為と捉えられるので、「著作権侵害の結果が発生した国の法律が適用される」と解釈できます。

*17 **準拠法**
国際的なトラブルにおいて適用される法律のこと。国によって法律は異なるため、国際取引では準拠法を定める必要がある。

*18
法適用通則法と略すこともある。

しかし、ここで問題になるのは、ＡＩ学習への利用行為はインターネットを介して行われることです。インターネットには、基本的に国境とよべる概念がありません。

たとえば、アメリカに本社を有する会社が、日本のイラストレーターの描いたイラストをＡＩの機械学習に利用した場合、著作権侵害行為の結果はアメリカと日本のどちらで発生したといえるでしょうか？

著作権侵害行為の結果って、イラストレーターさんへの被害ってことですよね？　日本なんじゃないですか？

いいえ、**結果発生地は「損害が発生した地」とイコールではありません**。基本的には、侵害された権利……さきほどの例でいえば侵害された著作権が存在する日本が結果発生地だと考えられますが、往々にして現実の問題はより複雑な条件をもっています。

たとえば、アメリカの会社はＡＩをホンジュラスにあるサーバーで運用しているかもしれませんし、学習に利用されたイラストデータはシンガポールにあるサーバーに保存されていたかもしれません。この場合に、著作権侵害の結果がアメリカ・日本・ホンジュラス・シンガポールのどの国で発生したと評価すべきかは、非常に難しい問題です。

インターネットを利用してグローバルに機械学習用のデータを収集する企業は、自国の著作権法だけでなく、他国の著作権法によっても利用行為が適法といえるかどうかを検討しておくのが無難だと考えられます。さもなければ、ＡＩ学習への利用に対して厳しい法制度をもつ国の著作権者から訴訟を起こされ、その国の法律が適用された結果、損害賠償責任を負うことになる可能性があるでしょう。

どの国が結果発生地?

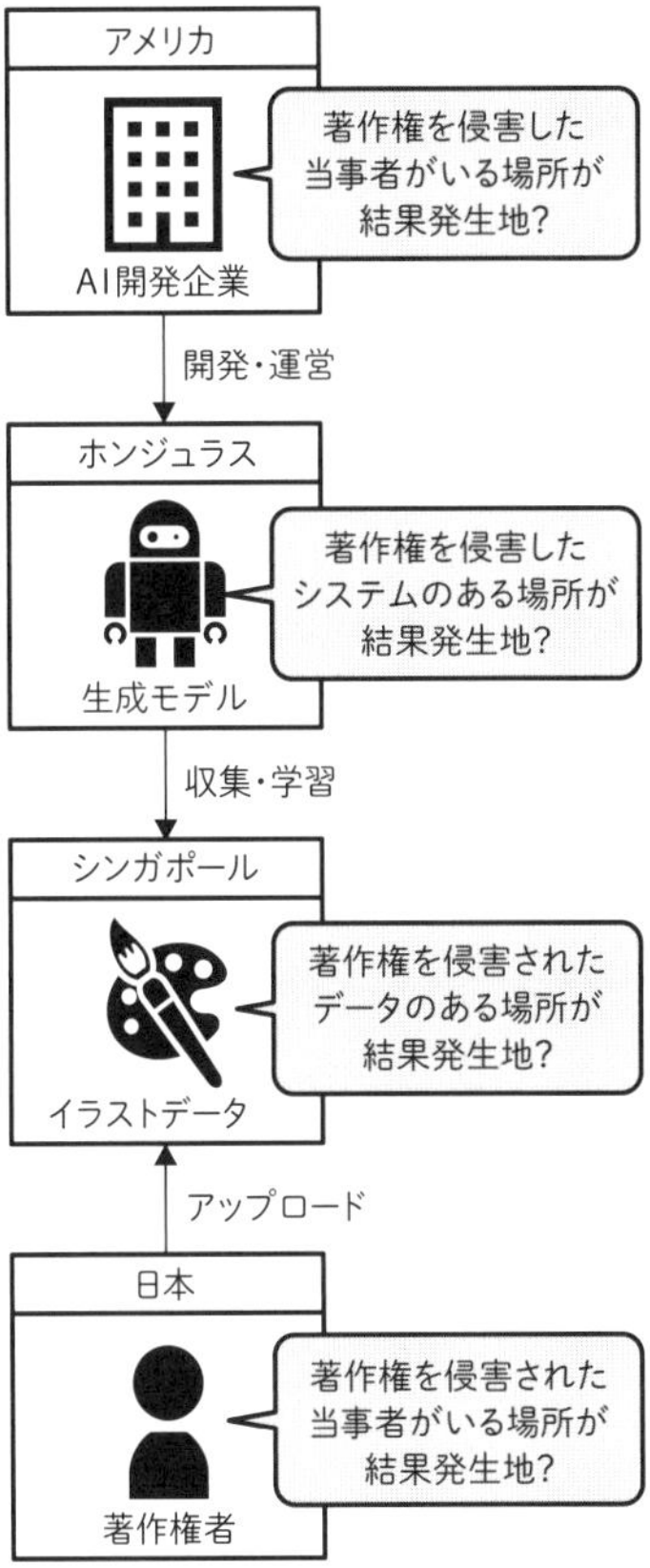

QUESTION

05

SNSのプロフィールにAI学習禁止と書くことには意味がないといわれます。本当ですか？

Ⓐ「AI学習禁止」を表明して、ただちに自作品の利用を違法とすることはできません。ただし、作者による禁止の意図を明確化しておくことは無意味ではありません。

最近は、SNSのプロフィール欄や名前のあとに「AI学習禁止」と書いているイラストレーターさんをよく見かけますね。

そうですね。体感としては、mimic《ミミック》*19やNovelAIが話題になったあと……二〇二二年の十月あたりから見かける頻度が上がった気がします。

でも、こういった意思表示に対して「そんなのは無意味だ」という人もけっこう見かけます。実際のところどうなんですか？

*19 mimic
東京の企業ラディウス・ファイブが運営するAIイラスト生成サービス。二〇二二年八月にβ版がリリースされるも、不正利用を懸念する声が上がり翌日にサービス停止。同年十月にベータ版ver.2.0が公開され、二〇二三年二月に正式版がリリースされた。

まず、繰り返しになりますが、三〇条の四の条文上、作者の同意がなくてもＡＩ学習には利用できます。ですから、単に「ＡＩ学習禁止」の表示をしただけでは、それを無視してＡＩ学習に自作品を利用した相手を著作権侵害とすることはできません。

では、**イラストレーターが「ＡＩ学習禁止」という表示をすることに法的な意味がまったくないかというと、そうではないというのが私の意見**です。

まず、ＡＩ学習を行った者に対して、**契約上の責任**を問える可能性があります。たとえば、「このサイト上に掲載されているイラストをダウンロードしたり、利用したりする場合、作者の提示する利用条件に同意したものとみなす」というルールを設けて明文化しているサイトであれば、利用行為を行った者は「ＡＩ学習禁止」という条件に合意したと評価することも可能でしょう。そうすると、作者が提示する**「ＡＩ学習禁止」の利用条件に違反する行為は債務不履行《さいむふりこう》**＊[20]になりますから、損害賠償請求などが可能となります。

もちろん、実際の利用行為（データ収集）は機械的に行われており＊[21]、人間が利用条件の目視・確認を行うことはないでしょうから、このような合意が成立していると評価できるかは争いがありうるところです。しかし、少なくともＡＩによる学習に反対の立場のイラストレーターにとっては、自分の作品を守るための法的な論拠を増やすことになるでしょう。

＊20 **債務不履行**
契約によって生じた義務を果たさないこと。契約の強制解除や損害賠償請求などの可能性がある。

＊21 **クローリング・スクレイピング**
クローラーというプログラムを使って、自動的にデータを収集することを**クローリング**という。とくに必要なデータのみを抽出する場合は**スクレイピング**とよばれる。機械学習には膨大な量の学習データが必要なため、データ収集は往々にしてスクレイピングで行われる。

この見解はときどき目にします。ただ、利用規約を明示して同意してもらうという手続きが必要になるみたいですし、ＳＮＳでイラストを発表している身としてはあまり現実的じゃないですよね。

そうですね。ただ、合意の成立までは認められないとしても、「ＡＩ学習禁止」と明示された作者の意向に反する利用行為に対しては、「著作権者の利益を不当に害する」として著作権侵害との評価が下される可能性が高まります。

　三〇条の四には、**著作権者の利益を不当に害する場合にはＡＩ学習を違法とする例外規定**が設けられています。この例外規定はさまざまな事情を総合的に考慮して不当性を判断することになりますが、その際に**「作者の明示的な禁止の意図に反していたかどうか」が考慮される可能性**があります。

　もちろん、「作者が禁止の意図を表示していた」という一点だけで、ただちに利用行為が違法・不当とはならないでしょう。でも、イラストレーターが責任追及を行う際のプラス要素にはなるはずです。

トラブルが起こったときに相手を追求できる道筋を増やす、みたいなイメージでしょうか。

はい。「ＡＩ学習禁止」という記載は、それだけでＡＩ学習を禁止したり違法化したりする法的効果はないものの、**イラストレーター側の法的請求の可能性を高める**という点で意味のあるものだと評価できます。

これは同時に、ＡＩを運用する企業の側にとっては、**「AI学習禁止」の意向を明示している作者の作品を学習に利用するのは法的リスクが高い**ということになりますね。

そのとおりです。データ収集の際に「ＡＩ学習禁止」などのタグがついている画像を収集対象から除外することは技術的にも可能だと思いますから、タグづけなどのしくみが業界全体として整備されれば、「禁止の意向が明示されている作品は学習データに利用するのを避ける」という企業側の自主規制も期待できるかもしれません*22。

いずれにしても、作者が自作品をどう扱ってほしいか表示する行為は、大いに奨励されるべきものだと思います。

*22 スクレイピングにおける自主規制の可能性についてはＱ27を参照。

QUESTION

06

AIで生成されたイラストに著作権はありますか？

Ⓐ「人間がAIを道具として利用して創作した」と評価できれば著作権が認められますが、人間による創作的寄与がない場合は著作権が認められないと考えられます。

くわしく説明する前に、次の二点を念頭に置いておいてください。

・どんな表現物に対して著作権が認められるかは、各国の法制度によって異なる
・生成ＡＩは新しい問題で、現時点では確固とした学説や裁判例が示されていない

国によっても今後の展開によっても変わってくるよ、ってことですね。

はい。ここからの説明は日本の著作権法における二〇二三年十月時点での一般的な解釈であり、国によって、あるいは今後の議論の蓄積に応じて結論が変わる可能性があります。

まず、日本の著作権法では、著作権が発生する**著作物**を「**思想又は感情を創作的に表現したものであって、文芸、学術、美術又は音楽の範囲に属するもの**」と定義しています。そして、「著作物を創作する者（＝人）」を**著作者**と位置づけていますから、「**人間の創作的表現のみが著作物であり、著作権の対象となる**」と一般に理解されています。つまり、**人間が作り出した表現でなければ著作権は発生しない**というのが原則です。

これ、事例を知ってます。海外ですけど、野生のクロザルが自撮りした写真について、クロザルは著作者として認められないって結論になった話[*23]がありましたよね。

人間以外の著作権が議論された、有名な事例ですね。

では、ＡＩを用いたイラスト制作について考えてみましょう。まず、イラストレーターがＡＩを道具として使ってイラストを描いていると評価できるケースがあります。たとえば、イラストの背景を自動的に識別して透明化などの処理をしたり、線画をもとに自動彩色を行うツールなどがありますが、これらの技術にはＡＩが用いられています。

こうした**ツールを補助的に使用して完成させたイラスト**は、イラストの構図、モチーフの形状やポージング、配色、筆致といった絵画としての表現部分は、人間の手によって創作されたと評価できます。したがって、**一種の道具としてＡＩを使用しつつ、人間が作り**

*23 二〇一一年に、イギリスの自然写真家デイヴィッド・スレイターが意図的に放置していたカメラで撮影されたクロザルの自撮り写真について、著作者は誰かという議論が起こった。アメリカ合衆国連邦裁判所はサルに著作権は認められないと判断した。

出した表現物といえますから、著作権が発生します。

一方、人間の関与が**プロンプト**や各種パラメータの設定のみに限定されている場合はどうでしょうか？

プロンプト……いわゆる**呪文**ってやつですか？「青い空　ビル　女の子」みたいな、出力したいイラストの傾向を指定するやつ。

はい。どんな画像を生成してほしいか指定する命令文のことですね。**t2i**《ティーツーアイ》*24とよばれるタイプの画像生成AIは、文字情報であるプロンプトとパラメータの値から画像を生成します。ここでいう「パラメータ」は、解像度や特徴などを設定する項目のことです。

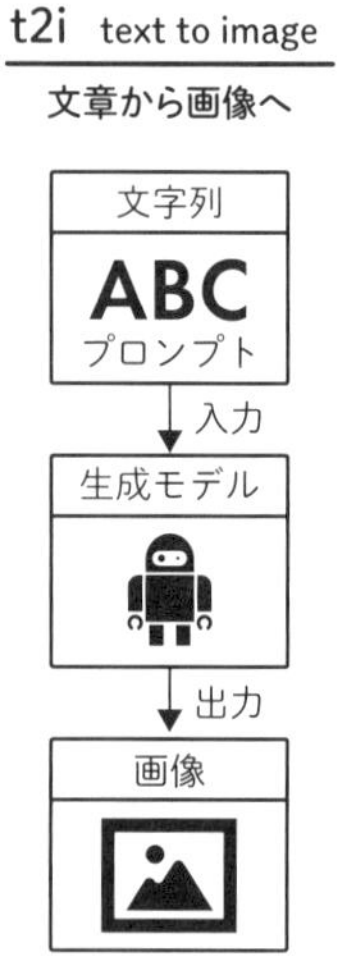

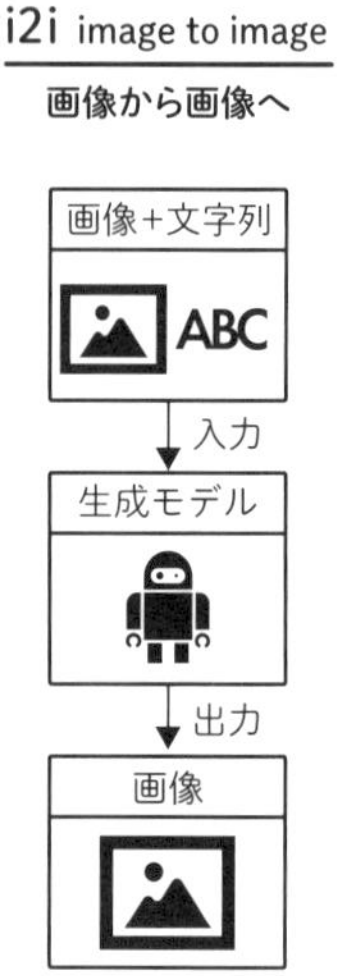

*24 t2i
画像生成AIの種類の一つ。Text to Image（文字列を画像へ）の略。生成してほしい画像の条件を、プロンプトとよばれる命令文で指定する。

プロンプトやパラメータの設定は、それ自体は表現ではなく「表現のもとになる指示やアイデア」と評価できるものです。そして著作権で保護されるのは表現のもとになるアイデアではなく**具体的な表現自体**ですから、**アイデアを提供したに過ぎない者は原則として著作者とはよべません。**

「**創作的寄与**《そうさくてききよ》がない場合」ですね。

はい。**画像生成ＡＩを用いて作られた表現物**は、**人間による創作的な寄与がなく、著作権は発生しない**と考えるのが現状における一般的な理解だといってよいと思います。

ただ、プロンプトやパラメータの指定に基づく画像生成にも、さまざまなバリエーションがあることは事実です。さらにいえば、プロンプトなどの文字情報だけではなく、ラフイラストなどの画像も入力する**i2i**《アイツーアイ》*25の場合は、より問題が複雑になってくるでしょう。**人間がＡＩに与える指示の複雑さや具体性によっては、人間による創作的寄与があると評価されるケースも出てくる可能性**があります。

この点については、Q21やQ22でくわしく説明します。

*25 i2i
画像生成ＡＩの種類の一つ。Image to Image（画像を画像へ）の略。「画像」と「プロンプト」の両方を指定する。i2iをめぐる問題についてはQ16参照。

QUESTION

07

創作的寄与とは、具体的にどういった行為を指しますか？

Ⓐ 具体的に明言はできませんが、AIを補助的ツールとして利用した場合や、AIが生成した画像に人間が変更・修正を加えた場合などは、創作的寄与があると判断される可能性があります。

抽象的ないいかたになりますが、創作的寄与があるかどうかは、**完成した作品に対する人間の関与の方法や、その重要性・貢献度といった具体的な事情を考慮して判断されます。**「○○をしていれば創作的寄与がある」とはいえません。

明確にいえたらわかりやすいんですけどね。もうちょっと具体的に掘り下げることはできますか？

そうですね、条件をつけてみましょうか。

画像生成ＡＩが出力した画像に対して、人間が変更や修正を加えて作品を完成させる

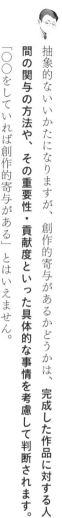

ケースを考えてみましょう。このとき、画像編集ソフトなどで新しいモチーフを加筆したり、もともとの画像に対して大きな修正を施したりする行為は、創作的寄与と評価される可能性があるでしょう。ＡＩ生成画像を背景素材として使用するような場合も、このケースに分類できます。

この場合に重要なのは、**人間による加工が創作的なもの、すなわち作者の個性・オリジナリティが表れたもの**と評価できる必要がある点です。

やっぱりちょっと抽象的に感じます。

どうしても「具体的にこう」とはいえないんです。

ただ、これは認められないだろう、という例は挙げられます。たとえば、生成された画像のなかに存在するノイズを単に除去する行為、サイズ変更・トリミング・色調の補正など誰でも考えつくような変更・修正を加える行為は、創作的寄与とはよべません。

なぜなら、**著作権法はあくまでも作者の個性の発露である表現を保護する法律**だからです。人間が手を加えれば、どんな加筆でもただちに著作物と認められる、というわけではないんです。

整える程度じゃダメって感じでしょうか。ちなみに、ニャタＢＥさんはお仕事じゃないイラスト制作で、画像生成ＡＩを使うことがありますよね。どんなふうに使っているんですか？

試行錯誤しているのでちょくちょく変わるのですが、いまはラフスケッチをｉ２ｉに入れて着地点を参考にする程度で落ち着いています。ＡＩ画像自体を制作工程に入れられるか試していた時期は、こんな手順でやっていました*26。

1. 自分で線画を描く
2. プロンプトをランダムに設定した生成ＡＩに自分の線画を入力する
3. 大量に出力された画像のなかからよいアイデアを選ぶ
4. アイデアを取り入れた線画を自分で描く
5. 線画の構図に合わせた３Ｄモデルにライティングを行う
6. 線画と３Ｄモデルを生成ＡＩに入力してグレースケールで出力する
7. 出力されたグレースケールの画像に自分で着色を行う
8. 背景に**フォトバッシュ***27を行っていくつかパターンを出す
9. よかったものを自分で仕上げていく

*26
こういった手順で制作された作品はＳＮＳで公開されている。
https://twitter.com/emokakimasu/status/1683407665429647360

https://twitter.com/emokakimasu/status/1632310859384127489

*27
フォトバッシュ
画像の加工技術の一つ。複数の写真を組み合わせて、一枚の絵や質感などを作り上げる。背景やテクスチャ素材などに用いられることが多い。

え、これってめんどくさくないですか？

自分で全部やるよりめんどくさいですね。時短にはなっていないです。

プロンプトから画像を出力するだけなら、僕じゃなくてもいいわけです。あくまで自分の絵を仕上げるためにＡＩを使うと考えると、こういった使いかたに落ち着きます。現時点では、新しい技術を試している、有益な使いかたを模索している、という状態です。

画像生成ＡＩを制作工程に組み込んで制作されたイラストについては、どんな条件を満たせば創作的寄与があると認められるのかという定説がまだありません。

ただ、**イラストや絵画の創作的表現は構図や被写体のポージング、配色などにある**と考えられますから、ＡＩに読み込ませる線画を人間が描いている場合や、着色を人間が行っている場合には、創作的寄与があると認められる可能性があります*28。ニャタＢＥさんの使いかただと、著作権が認められる可能性があるんじゃないでしょうか。

また、それらが完成したイラストの表現にとってどの程度重要な貢献といえるか、その貢献が作者の個性や独自性を発揮したものといえるか、などの点が、創作的寄与の有無を判断するための要素になるでしょう。

*28 AIイラストにおける創作的寄与については、Q21やQ22参照。

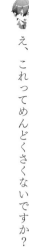

QUESTION

08

ＡＩイラスト集を作った場合、このイラスト集の編集著作権は認められますか？

Ⓐ イラスト集に含まれる画像の選択や配列のしかたに個性が表れたものであれば、編集著作物として著作権が認められる可能性があります。

ＡＩイラストに著作権がないなら、イラストレーターでもＡＩ利用者でもない第三者がネット上のＡＩ生成画像を集めて、勝手にＡＩイラスト集を作ることができますよね。

そういう第三者が勝手に作るケースじゃなくても、単純にＡＩ利用者がいろんなテーマでＡＩイラスト集を作ることは考えられます。ＡＩイラスト自体には著作権がないとして、それをまとめたものに**編集著作権**《へんしゅうちょさくけん》が認められる可能性はあるんでしょうか？

複数のＡＩイラストをまとめて画集・イラスト集の形式で発表したものについては、**編集著作物**《へんしゅうちょさくぶつ》として著作権が認められる可能性があります。

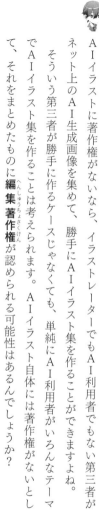

編集著作物とは「**素材の選択又は配列によって創作性を有するもの**」で、著作権が認められています[*29]。典型的な例は、特定の作家の作品群からあるテーマに沿って作品を選び出して収録した文集です。

作家の名作集とかですね。

はい。この場合、文集に含まれる作品自体はそれを書いた作家に著作権が発生していますが、それとは別に、文集全体の構成に関しては編者にも著作権が認められます。そのため、たとえば著作権が切れた作家の作品を集めた文集であっても、その文集をまるごとコピーした場合には、文集を編集した編者や出版社の著作権侵害となる可能性があります。ＡＩイラストをまとめたイラスト集も、文集と同様に考えることができます。著作権切れの作品を集めた文集の例からもわかるとおり、**編集著作物として認められるためには、必ずしも収録されている作品が著作権を有している必要はない**からです。

ただし、単に複数のＡＩイラストをまとめて画集にすれば編集著作物となるかというと、そうではありません。あくまでも収録されているイラストの「選択又は配列」の方法に**創作性が認められる必要**があります。具体的には、複数のＡＩイラストのなかから編者が独自のテーマで収録イラストを選定したり、収録順序を創意工夫するなどした場合のみ、

*29 著作権法一二条一項。

編集著作物として保護されることになるでしょう。

もう一つ訊かせてください。Ａさんが著作権のないＡＩイラストを集めてＡＩイラスト集を作って販売して、かつそのＡＩイラスト集が編集著作物として認められるとき、**第三者であるＢさんがＡＩイラスト集のなかの一作品を無断で公開することは可能ですか？**

可能です。編集著作物として保護されるからといって、そのイラスト集に含まれる画像が単独で著作権により保護されるわけではありません。つまり、編集著作物であるイラスト集であったとしても、そのなかからイラストを単独で抜き出して転載したり利用したりする行為は、著作権侵害となりません。

編集著作物と画像生成AI

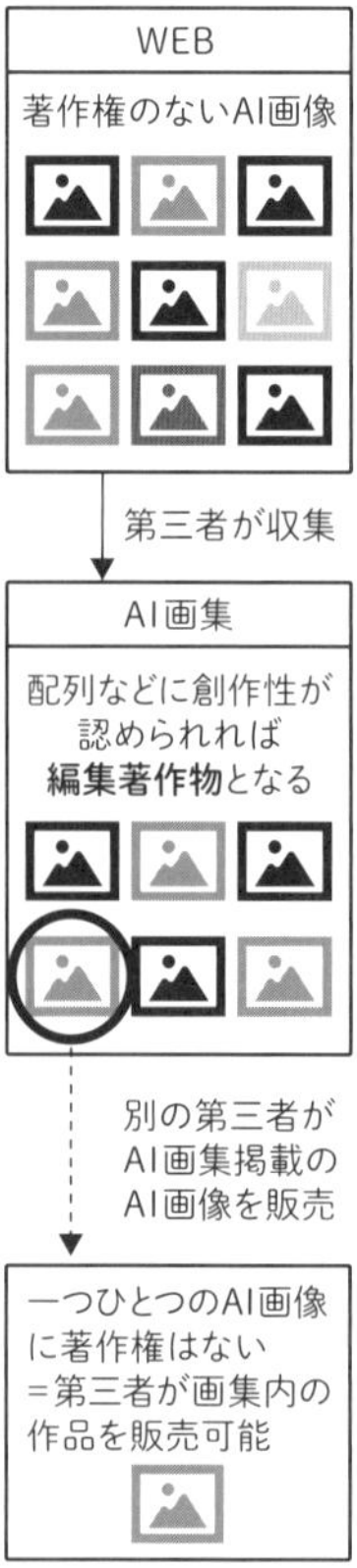

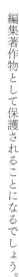

QUESTION

09

AIイラストの商用利用は可能ですか？

Ⓐ 原則として可能です。
ただし、利用規約などで禁止・制限されているケースがあるほか、
出力によっては著作権侵害となる可能性があります。

ＡＩイラストには原則として著作権がない、というのはわかりました。この場合、たとえばＡＩイラストで画集を作って販売したりとか、企業で使うＰＲ用のイラストとして利用したりとか、そういう商用利用は問題ないんですか？

ＡＩイラストの営利目的使用を禁止する法律は存在しません。したがって、ＡＩイラストを商用利用することは、**法律上は可能である**のが原則です。

ただし、世のなかに出回っているＡＩイラストの多くは、MidjourneyやNovelAIなどの画像生成ＡＩサービスで作られています。この場合、イラストの利用方法は**各企業の利用規約などで制限されている可能性**があります。

たとえば、「本サービスを利用して生成した画像は非営利目的でのみ使用できます」というルールが利用規約で設けられている場合、ルールに反して生成画像を商用利用してしまうと、その企業から契約違反の責任を問われるおそれがあります。「有料のプランに加入しない場合には画像の商用利用はできません」というルールがある場合に、無料ユーザーが生成画像を商用利用するケースも同様です。そのため、生成サービスを使ったＡＩイラストを商用利用する場合には、そのサービスの利用規約をよく確認する必要があります。

まあ、これはＡＩにかぎらず普通のことですよね。人が撮った写真や人が描いたイラストを素材として配布しているサイトでも、商用利用禁止って利用規約に書かれている場合は営利目的で使っちゃいけませんし。

　出力によっては著作権侵害となる可能性がある、というのは？

これは、**ＡＩイラストが学習に使われた他人の著作物に類似している場合**[＊30]ですね。

　ＡＩ学習で他人の著作物を使用するのは、三〇条の四で許されています。ただし、これは人間がその著作物の表現を鑑賞することを目的としているのではなく、「著作物に表現された思想又は感情を自ら享受し又は他人に享受させることを目的としない場合」にかぎ

＊30 著作権法における類似性についてはQ14および補論参照。

ります。他人の著作物と類似しているＡＩイラストを販売する行為は、当然それ自体を人間に鑑賞させることを意図していますから、三〇条の四が適用される余地はありません。

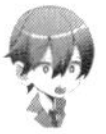

えっと、学習元のある作品とそっくりのＡＩイラストができて、それを販売した場合、学習元の鑑賞目的にあたるから、生成行為自体が著作権法違反に当たる可能性があるってことですか？　ちょっとややこしいので、図で整理させてください。これで合っていますか？

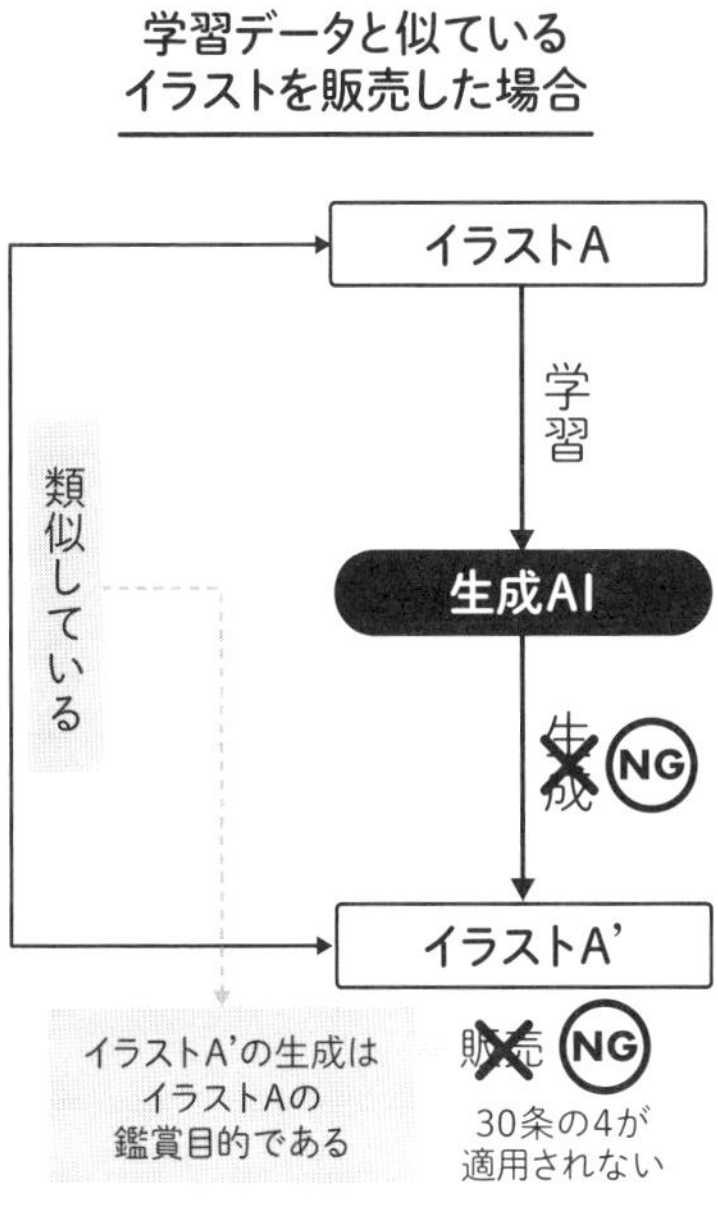

実際には類似性以外の要素も検討されますが*31、類似性に関してはこのとおりです。なお、生成されたＡＩイラストを自分だけが鑑賞して楽しむ場合には、三〇条の四ではなく**三〇条の私的使用***32として許される可能性はあります。しかし、営利目的で販売する場合は当然ながら私的使用とはいえませんから、三〇条も適用されないでしょう。

　したがって、生成したＡＩイラストが他人の著作物に類似している場合、販売など商用利用する行為は、著作権侵害の責任を問われる可能性があります。

画像生成ＡＩって「なにを学習したか」が公開されていない場合がほとんどですから、出力を商用利用するときに「学習元と似ていない」って確証を得るのはほぼ不可能ですよね。

商用利用については、自社のコンプライアンスに基づいて、利用を検討しているサービスの規約やしくみを理解したうえで慎重に検討したほうがよさそうです。

*31 著作権侵害の成立要件は補論参照。

*32 私的使用に関しては補論参照。

CHAPTER

2

生成モデルと著作権

Chapter 2では、より技術的な内容に踏み込んで、Chapter 1より細かな条件づけによる解説を行います。おもに「生成モデル」の説明と、それに関連する著作権法の解釈について議論します。

〔解説するおもな内容〕

- ▶拡散モデルとはなにか?
- ▶t2i、i2iとはなにか?
- ▶類似性や依拠性とはなにか?
- ▶画像生成AIが学習元と似た画像を出力してしまうのはなぜか?
- ▶ControlNetによる構図の指定やプロンプトの指定に対する法解釈

QUESTION
10–22

QUESTION

10

画像生成AIは、なぜ二〇二二年から突然実用化され一般化したのですか？

Ⓐ ベースの技術は二〇二一年ごろにできていましたが、大手は技術を公開していませんでした。MidjourneyとStable Diffusionのリリースが流れを変えました。

ここからはもう少し突っ込んだ話を伺っていきたいんですが、議論のためには技術的な知識が必要なので、最初はそのあたりについて聞かせてください。

そもそも論として、**画像生成AIは、どうして突然出てきて一気に普及したんでしょう？** ちょっとずつ便利になっていくとか、そういう感じじゃなかったですよね。

ユーザー目線だとそうなのですが、AIの研究者や開発者にとっては、数年前から予兆はありました。まず、画像生成AIの発展の歴史を紐解くうえで欠かせないのが、二〇一四年に発表された**GAN**《ガン》*1（Generative Adversarial Network：敵対的生成ネットワーク）

*1 GAN
イアン・グッドフェローらが二〇一四年に発表したモデル。原論文："Generative Adversarial Networks" https://arxiv.org/abs/1406.2661

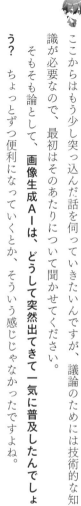

というモデルです。GANは画像生成において実用的な精度をもつ、はじめての生成系AI技術であり、二〇一八年ごろから急発展を遂げました。

GANは、音楽のライブパフォーマンスとかのエンタテイメント領域の演出でも使われているって聞いたことがあります。

ええ、実験性や即興性の高いパフォーマンスで見かけることがありますね。

二〇一九年に登場したGANの一種である**Style《スタイル》-GAN《ガン》**[*2]では、たとえば非常に高精度な実在しない人物の顔画像を生成することができました。「実在しない〇〇」を生成するのがブームになり、人物の顔だけでなく、さまざまな非実在のモノを生成するのが流行りました。

しかし、**当時のGANは生成画像の見ための多様性を確保するのが困難**で、特定のタスクでしかうまく動かない状態でした。たとえば適切な学習データを与えたとしても、人物とほかのオブジェクトを同時に生成する、ということすら困難だったのです。

この流れを変えたのが二〇二一年のCLIPとDDPMの登場です。**CLIP《クリップ》**[*3]は、同一の意味をもつテキストと画像を、共通する数値の羅列（**特徴量空間《とくちょうりょうくうかん》**）で表す画像分類モデルです。

*2
Style-GAN
テロ・カールスらが二〇一九年に発表したモデル。原論文：“A Style Based Generator Architecture for Generative Adversarial Networks” https://arxiv.org/abs/1812.04948

*3
CLIP
二〇二一年にOpenAIが発表したモデル。https://OpenAI.com/research/clip

「犬の写真」と「犬という単語」があったとき、それを紐づけることができるってことですね。

はい。それだけでなく、近い意味をもつ単語や画像は、似たような数値列をもつように学習されていきます。たとえば「犬」と「ブルドッグ」は近い数値列をもちますし、それに対応する「犬」や「ブルドッグ」の画像も近い数値列をもちます。一方で「犬」と「猫」の距離は「犬」と「ブルドッグ」よりも離れ、「犬」と「コンピューター」の距離はさらに離れます。

意味の近さや遠さが、数値の近さや遠さで表現できるようになった、ってことでしょうか。

そんな感じです。CLIP以前もこういう処理は単語レベルなら可能でしたが、CLIPはより複雑な言葉に対応できるようになりました。たとえば、「黒い犬の写真」と「白い猫の油絵」を、正確にマッピングできるようになったんです。人間は概念の近さや遠さを直感的に把握できますが、機械にはけっこう難しいんですよ。

一方、**DDPM**《ディーディーピーエム》*4（Denoising Diffusion Probabilistic Models）は、ノイズから画像を生成していく**拡散モデル***5の最も基本的なモデルです。これらを組み合わせることで、「任

*4
DDPM
ジョナサン・ホーらが二〇二〇年に発表したモデル。原論文：
"Denoising Diffusion Probabilistic Models"
https://arxiv.org/pdf/2006.11239.pdf

*5
拡散モデル
現在の画像生成AIで利用されている代表的なモデル。拡散モデルの代表的なモデルがDDPM。拡散モデルについてはQ12を参照。

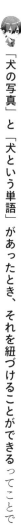

意のテキストから画像を生成する」という、現在主流の画像生成ＡＩの基本的なしくみが完成しました。この拡散モデルベースの画像生成ＡＩは、ＧＡＮが苦手としていた多様性や汎化性能の獲得に成功しました。

つまり、二〇二一年には、いまの画像生成ＡＩの基本形はできていたってことですね。じゃあ、どうしてすぐに実用化されなかったんでしょう？

計算量の問題など技術的な理由もありましたが、最大の理由は、**インパクトの大きさや悪用の懸念から、OpenAIやGoogleなどの大手が公開しなかった**からです。しかし二〇二二年の夏、MidjourneyとStable Diffusionが相次いで登場しサービス非公開の流れを変えました。

悪用の懸念から、ということは、悪用される可能性はＡＩの研究者や開発者のなかで共通認識としてあったのでしょうか？

少なくともGoogleは、画像生成ＡＩのImagen《イマジン》*6を発表したときに、悪用の懸念などを根拠に公開しないことを決定しています。ただ、Stable Diffusionの開発元であるStability AI

*6 **Imagen** 二〇二二年五月にGoogleが発表した画像生成ＡＩ。

は豪快にソースコードごと公開したので、共通認識があったかどうかは疑問です。
　研究者や開発者全体の話をするなら、そもそも画像生成ＡＩにしろChatGPTのような大規模言語モデルにしろ、その研究開発には高い研究レベルと莫大な計算資源の両方が必要です。それができる組織や企業は非常にかぎられています。

計算資源っていうのは、要するにお金のことですか？

ほかにも、人材や時間などですね。高レベルなプレイヤーと莫大な資金、それから開発に使える時間がそろって初めて、生成ＡＩの大規模基盤モデルの研究開発が可能になります。二〇二二年初頭時点で、悪用の懸念が起こりうるレベルの超高性能な画像生成ＡＩの開発ができていたのは、GoogleとOpenAIのみでした。
　このとき考えられていた「悪用の懸念」は、おもに**出力された画像が誰かを社会的に貶めること**や、**犯罪行為に利用されること**だったと考えられます。Googleは入力テキストと出力画像の両方へのフィルタリングで悪用防止を考えていたようですが、公開できるほどにはうまくいかなかったようです。OpenAIはDALL·E 2、あるいはMicrosoftの**Bing**《ビング》 **Image Creator**《イメージ クリエイター》*7として公開したので、彼らはリスクをコントロールできたと考えたということでしょう。

*7
Bing Image Creator
二〇二三年三月にMicrosoftが発表した画像生成AIサービス。開発はOpenAI。

とはいえ、OpenAIもDALL·Eは悪用の懸念から公開せず、DALL·E 2もアーティストや研究者を対象としたベータテストを経てようやく公開されたので、リスクのコントロールに時間をかけていたことはわかります。

あの、さらっと出てきましたが、**フィルタリング**＊8**で悪用を防止する**ってどういうことですか？

テキストの場合は、**倫理的に問題のある言葉を禁じる**ことですね。入力テキストのフィルタリングは、DALL·E 2やMidjourneyでも行われています。Midjourneyでは、性的・暴力的・差別的なキーワードに加えて、トランプ大統領のディープフェイク＊9画像生成＊10を受けて、歴代大統領の名前も禁止キーワードに追加されたようです。

画像のフィルタリングは、**過度に性的・暴力的だと判断された画像を弾く**ことですね。Stable Diffusionは出力画像をフィルタリングするモジュールを搭載しており、標準状態ではＮＳＦＷ＊11の画像生成はできません。

そのモジュール、かんたんに無効化できますよね。

＊8
フィルタリング
データを特定の条件に従って振り分けること。

＊9
ディープフェイク
AIを用いて作られたフェイクデータのこと。機械学習の一種であるディープラーニングとフェイクを組み合わせた造語。くわしくはQ42参照。

＊10
二〇二三年三月、トランプ米大統領が逮捕されるフェイク画像がTwitter（現X）で拡散された。イギリスのエリオット・ヒギンズがMidjourneyで生成・公開した。

＊11
NSFW
Not Safe For Workの略。職場で閲覧することが不適切であることを表すネットスラング。アダルトコンテンツなどを指す。

そうですね。なので、実質的に意味のないものとなっています。

少し話は逸れますが、「悪用の懸念」としては、ほかにも社会的なバイアスがかかった出力が考えられます。たとえば、「社長の写真」と入力したとき、白人男性ばかりが出力されてしまうようなバイアスです。

Googleは、こういった画像生成ＡＩにおける倫理的・社会的バイアスを減らす研究はあまり進んでいないといっています[*12]。しかし、OpenAIのDALL.E 2ではこのような人種・社会的バイアスが非常に少なくなるようにうまく調整されているように見えますし、そのような調整は実際にある程度可能だと思います。Googleは超巨大企業であるがゆえに、リスクに対して非常に敏感になっているのだと考えられます。

使用に耐えうるシステムを最初に作れた企業は慎重な姿勢を示していたものの、MidjourneyとStable Diffusionの登場で一気に流れが変わった、というわけですね。

*12 参考：https://imagen.research.google/

QUESTION

11

生成モデルってなんですか？

Ⓐ **生成モデルとは、学習データと同一ドメインの別のデータを生成するためのAIモデルのことです。**

さっきモデルの名前がたくさん出てきましたけど、実はモデルの意味がきちんと理解できていなくて。このまま進むと混乱しそうなので、くわしく教えてもらっていいですか？

モデルって、一般的には「模型」とか「見本」とか、そういう意味ですよね。プラモデルとか、食品モデルとか、ファッションモデルとか。

そうですね。学問の分野だと、物理現象や経済活動などの**複雑なものごとを理論化したもの**を**モデル**といいます。物理モデルや金融モデルなどの表現を聞いたことがある人も多いでしょう。

「理論化する」って、具体的にどういうことですか？

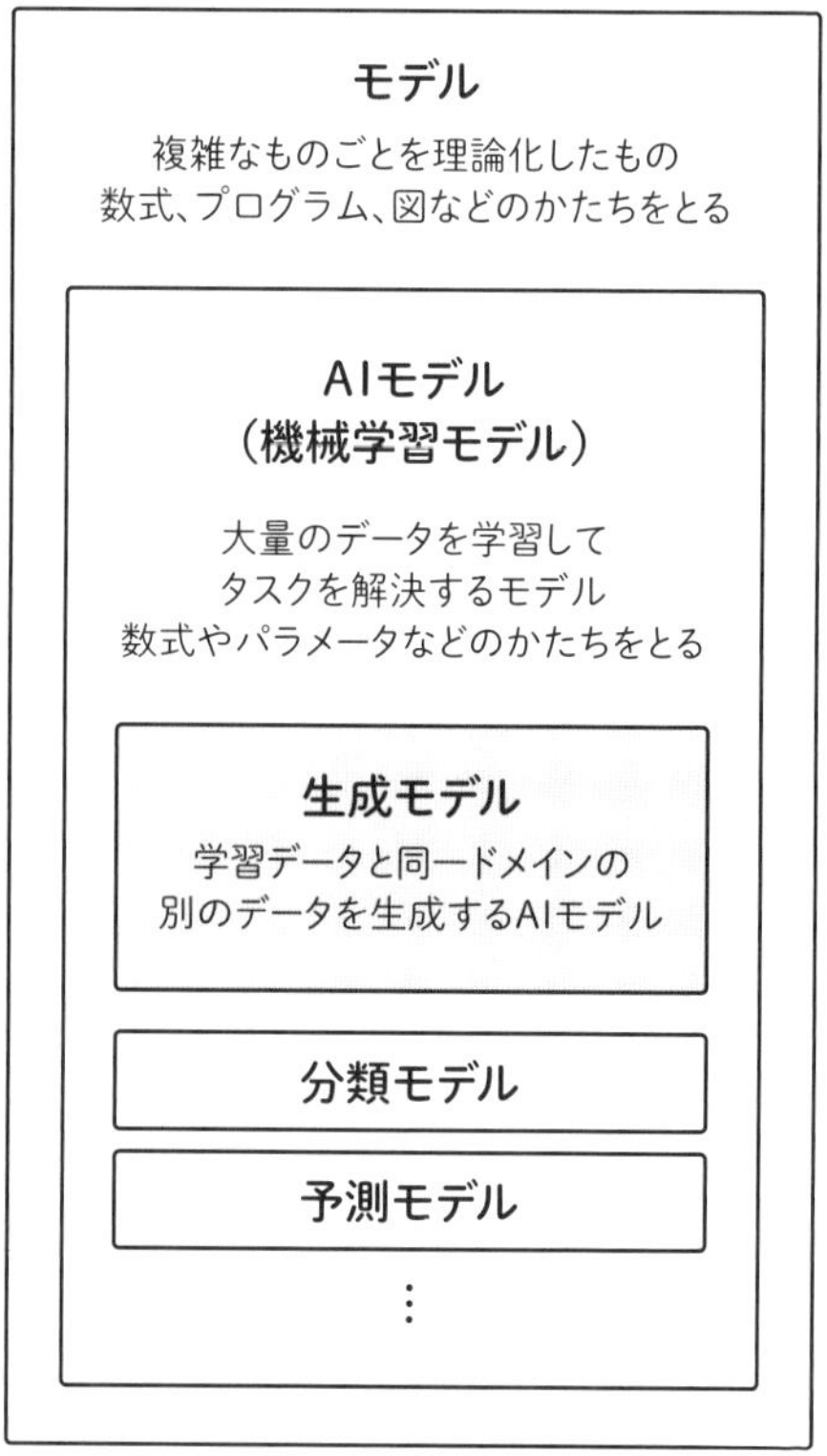

科学の場合は、たいていは数式化することを指します。

　ＡＩ分野でも、モデルとはなにかを理論化したもの、つまり数式化したものを意味します。ＡＩのなかでも機械学習に用いられるモデルを**ＡＩモデル**や**機械学習モデル**とよび、より細分化する場合はタスク名をつけて表現します。たとえば、さきほど触れたCLIPのように、なにかを分類するモデルは**分類モデル**とよびます。

そして生成も分類と同じように、機械学習の代表的なタスクです。生成というタスクをこなす機械学習モデルを、**生成モデル**といいます。生成モデルとは、**学習データと同一ドメインの、別のデータを生成するためのAIモデル**のことです。「**同一ドメイン**の別データを生成する」とは、たとえばテキストを学習して別のテキストを生成したり、音楽を学習して別の音楽を生成したり、ということです。

ということは、生成モデルって具体的には数式だってことですか？ ネットで画像生成AIのことを調べているとモデルって言葉がけっこう出てきますけど、みんな理論とか数式の話は別にしていないような……。

それはもっと**研究に近い文脈のモデル**のことですね。単に「モデル」といったとき、その理論を指すのか、いろいろ学習して調整されたパラメータ群を指すのかは、文脈によって異なります。もう少し掘り下げてみましょう。

いま画像生成AIの主流モデルは、拡散モデルという理論です。Stable Diffusion、DALL.E 2、Imagenといったサービスは、拡散モデルという理論をベースにした画像生成AIだと公表しています。

画像生成ＡＩサービスごとに独自のモデルがあるけど、だいたいは拡散モデルっていう理論をもとにしているってことですね。

さっき「ＤＤＰＭは拡散モデルの最も基本的なモデル」っておっしゃってましたけど、拡散モデルはより細かく分類できるってことで合ってますか？

ええ、拡散モデルにもいろんな種類があります。Stable Diffusionは**潜《せん》在《ざい》拡《かく》散《さん》モデル**、Imagenは**ピクセルベースの拡散モデル**が使われています。

Midjourneyや**Adobe Firefly**《アドビ ファイアフライ》*13はしくみを公表していません。そのため内部的な処理は不明ですが、たとえばMidjourneyは画像生成の途中経過の画像が拡散モデルベースのそれに非常に近いことから、ほかの画像生成ＡＩサービスと同様に拡散モデルベースであるといわれています。

本当に拡散モデルが多いんですね。逆に拡散モデル以外で画像を生成するしくみはあるのでしょうか？

代表的なのは、一つ前の質問で触れたＧＡＮですね。二〇一九年ごろまでは、生成ＡＩはＧＡＮの独壇場でした。ただ、前述のとおり多様性の確保が難しかったため、拡散モデル

*13 **Adobe Firefly**
二〇二三年九月に、グラフィック系のソフトウェア会社Adobeが一般提供開始した画像生成ＡＩサービス。

含め別の手法も研究されてきました。**自己回帰《じこかいき》モデル***14や**Transformer《トランスフォーマー》***15ベースの手法は有名ですね。しかし画像生成においては拡散モデルが性能面で圧倒的であったため、現在では拡散モデルが主流となっています。

ちなみに、生成モデルは領域によって得意とする手法が違うので、ChatGPTなどで話題の大規模言語モデルではTransformerベースの手法が主流となっています。

分野によってモデルも変わってくるんですね。最近は3Dモデルも生成できるようになったみたいですが、こちらも拡散モデルが主流ですか？

3Dモデルの生成は画像生成の拡張版と捉えられるので、現在では拡散モデルベースの手法が主流となっています。OpenAIが発表したPoint-EやShap-Eは、両方とも拡散モデルベースだと公表されていますね。

*14 **自己回帰モデル**
機械学習モデルの一つ。過去のある時刻におけるデータを利用して、現在のある時刻におけるデータを推測する。文章生成のほか、時系列分析でよく用いられる。

*15 **Transformer**
機械学習モデルの一つ。アテンションとよばれる機構を用いる。二〇一七年に登場し、さまざまなタスクで高い性能を示した。

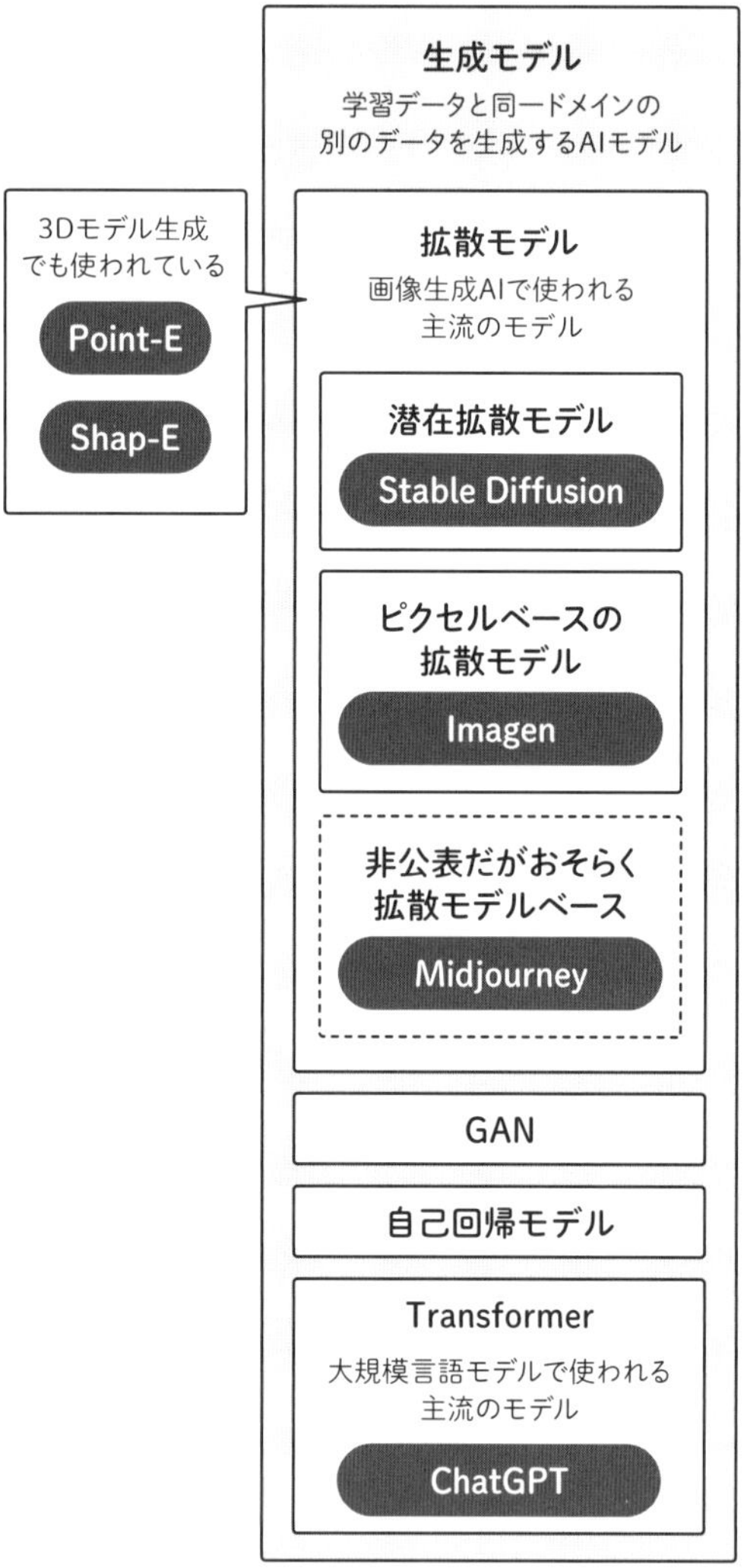

さて、さっきの「みんなが生成モデルの話をしているとき、別に数式の話はしていない気がする」という件を考えてみましょう。さきほど触れたように「モデル」という言葉が具体的になにを指すのかは文脈によって変わるのですが、ざっくり説明してみます。まず、ＡＩ学習の技術要素には、次の三つが存在します。

1. 学習のプログラム
2. 学習させるためのデータセット*16
3. プログラムとデータセットを用いて学習させた結果として生じるパラメータ群*17

これらのうち、3を指して「モデル」ということが多いと思います。

えっと、つまり……単に「拡散モデル」といった場合は理論を指すけれど、実際に画像生成AIサービスに使われているようなモデル、つまりイラストを学習済でファインチューニングが終わっているモデルの場合は、おもに学習で調整されたパラメータ群を指す、ってことでしょうか？

絶対ではありませんが、だいたいそんな感じです。まとめると、**生成モデルは学習データと同一ドメインの別のデータを生成するAIモデル**で、**単にモデルといった場合は往々にしてパラメータ群のことを指します。**

*16 **データセット**
特定の条件に沿って収集されたデータ群のこと。画像生成AIの学習用データセットの場合、画像とテキストのペアで構成される。

*17
より技術的には、weight（重み）とよぶ。

QUESTION

12

拡散モデルについて、もう少しくわしく教えてください。

Ⓐ ノイズから徐々に画像を生成していくモデルのことです。

ノイズから画像を……？　えっと、そもそもノイズってなんですか？

ノイズとは、**情報処理において不要な情報**のことです。雑音をイメージする人が多いと思いますが、実は音声データにかぎらず、画像などでも不要な情報のことはノイズとよびます。

最近の若い人には通じないかもしれませんが、テレビの砂嵐画面*18ってわかりますか？　一面に白い粒がランダムに表示される画面です。正確な説明ではないのですが、画像におけるノイズはああいう状態だと思ってください。

拡散モデルの学習では、普通の画像に対してランダムにノイズをかけて、最終的に砂嵐画面のような完全なノイズにします。そのあと逆にノイズを取り除いていって、普通の画

*18 テレビがアナログ放送の電波を正常に受信できないときに発生する、左画像のようなノイズ画面。スノーノイズともいう。

像に戻していきます。これをたくさん繰り返すことで、ノイズの除去のしかたを学ぶんです。

いろんな画像に対してノイズをかけて取り除いてを繰り返すことで、最終的にはノイズから画像を作り出せるようになるってことですか？　なんだか途方もない話に聞こえるんですが……。

途方もないと感じるのはおかしなことではありません。実際、拡散モデルのデメリットは、計算コストが非常に大きく時間がかかる点です。

時間がかかるってことはお金がかかるってことですし、だから世界的な大企業しか作れなかったんですね。でも、いまは家庭用のパソコンで画像生成ＡＩが動かせますよね？

それには、潜在拡散モデルが大きく貢献しています。潜在拡散モデルは、ノイズの除去を**潜在空間**《せんざいくうかん》とよばれる人間の目では判断できない情報圧縮された空間で行い、潜在空間の画像からカラー画像へのアップスケールを行う手法です。

潜在空間はカラー画像の数十分の一のパラメータサイズしかないので、計算コストが非常に低くなり、家庭用ＧＰＵ[*19]でも動かせるようになりました。

ノイズの画素数が少なくなったということですか？

はい。画素が少なくても高い解像度の画像が生成できるようになったので、画期的だったんです。Stable Diffusion型の画像生成ＡＩのしくみについては、以前公開したウェブ記事[*20]でくわしく説明しているので、興味がある方はご覧になってください。

一方で、純粋に画素数を増やす方向で進化させたのは、Imagenなどで使われているピクセルベースの拡散モデルです。粗い画素数の画像から徐々に高精細にしていくカスケード型という手法を採用することで、計算量の低減を目指しています。

*19 GPU
Graphics Processing Unitの略。コンピューターのなかで、画像の処理を担当する部品のこと。

*20
https://elanmitsua.notion.site/OpenCLIP-2023-8-17-7768189cf431493fa19aa032d34dc0f1

QUESTION

13

学習用のイラストでノイズの除去のしかたを学ぶということは、結局のところ、生成AIが作っているのは学習用イラストのコラージュなのではありませんか？

Ⓐ 一般的な意味におけるコラージュとは異なります。

コラージュとは、既存の画像を切り貼りして新しい作品を作ることだと思います。画像生成ＡＩは内部的にオリジナル作品のデータをもっているわけではなく、直接的な切り貼りをして画像を生成しているわけではありません。ですから、**注釈なくコラージュといえるものではない**と認識しています。

　より抽象的な概念として、コラージュを「ほかの作品の構成要素を分解し再構築する」と定義し直すならば、そのような解釈も可能かもしれません。

つまり、**学習元になった画像自体をコピー&ペーストする過程は存在しない**、ということでしょうか？　仮に画像生成の過程で複製が行われているなら、著作物の表現をそのまま

利用しているととれるので、三〇条の四が適用されない可能性が出てきます。

生成過程において、**元画像のデータを保持する部分はいっさいありません**。ただ、重複するサンプルを多数使用することで、**元画像を記憶してしまう**ような事象も見られます[*21]。

元画像を記憶してしまうなら、結局コピペになるんじゃないですか?

いえ、これらも厳密にはコピー&ペーストではなく、**大量のパラメータ群をもとに推論した結果が元画像に似てしまう**ということです。画素単位で見れば表現も異なります。ただし、人間の目で見たときにほとんど同じだと視認できる場合は、AIのモデル自体が「元画像を高度に**エンコード**[*22]したものである」と捉えられる可能性はあります。

ただし、**デコード**できるかどうかは確率的であり、狙った画像を確実にデコードすることはできません。ですから、ときどき見かける「**画像生成AIは二〇億枚の画像を超圧縮したデータそのものである**」**などの主張は、技術的には正しくありません**。

「元画像を高度にエンコードしたものである」という解釈は、法律的には類似性や依拠性の議論につながりそうですね。今度は、これらの意味を見ていきましょう。

*21 拡散モデルが元画像を記憶してしまう事象についてはQ18参照。

*22 **エンコード** データをなんらかの規則に従って変換すること。エンコードされたデータは、原則として、**デコード**という逆の操作によりもとのデータに復元できる。

QUESTION

14

類似性ってなんですか？

Ⓐ **類似性とは「著作物の創作的な表現部分が同じ、または似ていること」をいいます。**

著作権侵害が成立するためには、二つの要件を満たす必要があります。それが類似性と依拠性です。ここで説明する**類似性《るいじせい》**とは、かんたんにいうと「**他人の著作物と似ていること**」です。他人の著作物に似たものを作ってしまうと、著作権侵害になる可能性があります。

でも、「似ている」って客観的に判断するのは難しいですよね。

そうですね。一口に「似ている」といっても、その「似ている程度」はさまざまです。

たとえば、Ａさんが描いたイラストとＢさんが描いたイラストが、どちらも「青い髪の少女がピースサインをして微笑んでいる」ものだったとします。この場合、二人の描いたイラストは、次の三点においては確かに似ています。

・少女を主題に選んでいる
・少女の髪色が青である
・少女がピースサインをして微笑むという動作をしている

でも、この三つが似ているという事実のみをもって「BさんのイラストがAさんのイラストに類似しており著作権侵害になる」と判断する人はいないはずです。

ほかの部分が全然似ていなければ、まったく違う絵になりますもんね。服とか、背景とか、構図とか、髪以外の配色とか。

はい。類似性が認められるためには、**他人の著作物における創作的な表現部分が似ている**といえる必要があります。「**創作的な表現部分**」とは、**作者のオリジナリティや個性が発揮されている表現**のことです。さきほど挙げた三点は、それだけでは多くの人が描きうるモチーフに過ぎませんから、これらが似ているだけでは類似性の要件を満たしません。
　類似性があるというためには、モチーフの一致だけでなく、Aさんの個性が表れている具体的な表現がBさんのイラストから読み取れる程度に、両者のイラストが似ている必要があります。

これは**画像生成ＡＩでも同じ**です。生成画像が、人間のイラストレーターが描いた特定の作品の創作的な表現部分と似ていると判断されれば、類似性の要件を満たし著作権侵害となる可能性があります。**三〇条の四はあくまでも学習に適用される規定なので、学習したＡＩによる出力には当てはまらない**ことに注意が必要です。

出力された画像が人間のイラストレーターの描いたイラストと「創作的な表現部分まで似ている」と判断されたら、**学習自体は適法でも出力画像は著作権侵害**だよってことですね。

一つ質問があります。Midjouneyなどの画像生成ＡＩには、**個人の絵柄を模倣できる機能**があります。これは狙って類似性のある画像を出す機能だと思うのですが、これらの学習データや生成物の公開は著作権違反にあたると考えていいのでしょうか？

いわゆる**ＬｏＲＡ《ローラ》**＊23**モデル**に関する問題ですね。

著作権侵害か否かの判断で重要なのは、「絵柄を模倣したかどうか」ではなく「生成画像が特定個人の描いたイラストと創作的な表現において似ているかどうか」です。絵柄や画風が似ていても「創作的な表現の部分は似ていない」と判断される可能性はあります。

＊23 **ＬｏＲＡ**
Low-Rank Adaptationの略。軽量なファインチューニングのことを指す。画像生成ＡＩにおいては、特定の絵柄やキャラクターなどを集中的に学習するという意味で用いられることも多い。

絵柄は著作権で保護されない[*24]、という話ですね。

はい。**絵柄や画風が似ているだけで類似性を肯定してしまうと、特定の個人によるその絵柄や画風の独占を認めてしまう**ことになります。たとえば、ゴッホの画風について独占を認めてしまうと、それ以降は誰もゴッホの画風と似た作品を描くことができなくなります。そのため、絵柄や画風が似ているだけでは類似性は肯定できないのが原則です。

もちろん、**画風や絵柄に共通性があることは、類似性を肯定する方向にはたらく要素**ではあります。しかし、最終的に他人の著作物と類似性があるかどうかは、主題の選定・構図・ポージング・配色など、絵画的な要素を含めて総合的に判断されることになります。したがって、特定個人の絵柄を模倣できるプロンプトやLoRAを使用したからといって、ただちに著作権侵害となるとはかぎりません。ただし、「だからすべて問題ない」というわけでもありません。LoRAについては、Q29でくわしく掘り下げます。

*24 くわしくはQ17参照。

QUESTION

15

依拠性ってなんですか？

Ⓐ 依拠性とは「他人の著作物を利用して作られたこと」をいいます。

著作権侵害が認められるためのもう一つの要件が、**依拠性**《いきょせい》です。著作権侵害は類似性が認められればただちに成立するのではなく、依拠性も満たす必要があります。これは、**「たまたま似てしまった」場合を除外する**ための要件です。

そっくりなのに「たまたま似てしまう」ことってあるんですか？

現実に十分起こりえますよ。たとえば、Aさんの描いた絵とそっくりの絵をBさんが描いたとします。ただし、BさんはAさんの絵を一度も見たことはありません。こういう状況が考えられる典型的なパターンの一つは、**モデルが同一だった場合**です。

たとえばAさんとBさんが、それぞれ富士山がよく見える名所から、同じような時間帯に写実的な技法を用いてスケッチしたとします。このとき、それぞれの画風などにもより

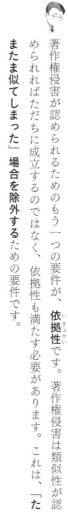

ますが、二人の絵は似通ったものになる可能性があるでしょう。この場合、Ａさんの作品もＢさんの作品も、どちらもオリジナルです。Ａさんの作品と似ているからといってＢさんの作品が著作権侵害とされるのは、酷というものでしょう。

なるほど。**他人の作品を利用した（＝依拠した）場合は著作権侵害**だけど、**たまたま似てしまった場合は類似していたとしても著作権侵害にならない**、ということですね。逆にいえば、ＢさんがＡさんの描いた富士山の絵を模写したり、参考にしたりしたと認められた場合は、著作権侵害が成立しうる、と。

　これ、**Ａさんが描いた絵を学習データとしたＡＩで生成された画像がＡさんの絵と似ていた場合**は、**「たまたま似てしまった」なんていえるものでしょうか？**

これは明確な回答が難しい問題です。

　アメリカの裁判例などでは、他人の作品に触れたことのある人間がその作品と類似する作品を作ってしまった場合には、盗用の意図がなく無意識だったとしても著作権侵害に当たるとする考えかたが採用されています。この考えかたを画像生成ＡＩにも適用すれば、**「学習データとして他人の作品を利用している以上、ＡＩ利用者に盗用の意図がなかったとしても、著作権侵害の要件を満たす」**という解釈が成り立つように思います。

しかし、この件はいまだ定説があるわけではありません。「**たとえ学習データとして利用されていたとしても、画像生成の局面でＡＩ利用者が他人の著作物について意識していない以上、依拠性の要件は満たさない**」という考えかたもありえます。

法律の専門家どうしでも見解が分かれそうですね……。

じゃあ、もうちょっと条件を付け加えさせてください。ｔ２ｉの生成ＡＩを使うとき、プロンプトでイメージどおりのイラストが出てくるのって、**そもそもの学習データにイラストだけじゃなくてそのイラストを説明するテキストがついているから**ですよね。

そうですね。イラストとそれに対応するテキストを学習することで、そのテキストがどんなイメージを表しているものかを学習して、プロンプトに対してふさわしい画像を出力できています。

そうすると、マニアどうしで共有されているような、**すごくニッチな単語をプロンプトとして使った場合**はどうなりますか？　本当にニッチな、一人のイラストレーターさんだけが使っている単語などの場合です。

Ａというニッチなタグで作品を発表しているイラストレーターさんがいて、そのタグは

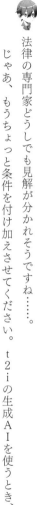

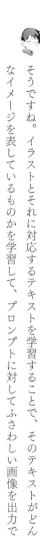

ほかに誰も使っていないとします。このとき、画像生成ＡＩでＡという単語をプロンプトに指定して、もとのイラストレーターさんの作品と似た画像が出力された場合、ＡＩの利用者がもとのイラストレーターさんを知らないということも、似せるつもりがなかったということも、成立しづらいと思うのですが。

さきほど述べた二つの立場によって、見解は異なると思います。

まず、**学習データとして利用した事実のみをもって依拠性を肯定する見解**に立つ場合、生成段階でニッチな単語をプロンプトに含めるかどうかとは関係なく、依拠性は認められることになるでしょう。

一方、依拠性が認められるためには**生成段階でＡＩの利用者が他人の著作物に似せようとする意図が必要だ**とする見解に立つ場合、単に学習データのなかにその人の著作物が含まれていただけでは依拠性が認められることはありません。ただし、ＡＩ利用者がニッチな単語をプロンプトに含めて画像生成を行っており、その単語にタグづけされた画像が非常に少ないという事情がある場合、「そのタグがついた画像の存在を知っていたはずだ」との推認がはたらき、結果として依拠性が肯定されやすくなる可能性はあります。

QUESTION

16

t2iよりi2iのほうが問題が多いと聞きます。それはなぜですか？

Ⓐ i2iの場合、生成に用いた他人のイラストと類似性を有する画像が生成されてしまうおそれがあるほか、依拠性の要件も認められやすくなるためです。

t2iはプロンプトを入力して画像を出力するもの、i2iは画像とプロンプトを入力して画像を出力するもの*25でしたよね。数えたわけじゃないので単なる印象ですが、i2iのほうがトラブルに発展しやすい気がします。

著作権的な観点でいうと、t2iとi2iの違いは、**AI学習の場面ではなく画像生成の場面で著作物を利用するか否か**、という点にあります。t2iでも学習段階では他人の著作物が利用されていますが、i2iの場合、学習段階だけでなく生成段階でも他人の特定の著作物が意識的に利用されることが多々あります。

*25 t2iやi2iの定義や正確な名称はQ6の脚注参照。

ｉ２ｉで自分のラフ画を入れる場合もありますが、トラブルに発展するのは**他人のイラストを勝手に使った場合**が多いですよね。

他人のイラストを入力してｉ２ｉで生成された画像は、**生成画像のモチーフ・構図・配色などが入力イラストの特徴を一部反映したものになる可能性が高い**でしょう。この場合、ｉ２ｉに用いた元画像と、著作権侵害の要件である**類似性を認められる程度に似通った画像が生成されてしまう**ケースも起こりえます。

また、ｉ２ｉで他人のイラストを入力する場合、**生成段階で他人の特定の作品を意識的に利用**していますから、著作権侵害のもう一つの要件である**依拠性も認められやすくなります。**

前述のとおり、他人の作品が学習データとして利用されている場合にただちに依拠性を肯定してよいかについては諸説ありうるところですが、少なくとも生成段階で他人の作品を意識的に利用した場合には、依拠性の要件を満たすと判断して差し支えないでしょう。したがって、ｉ２ｉの場合、類似性と依拠性という著作権侵害の要件がｔ２ｉ以上に認められやすくなります。

他人の作品を入力した場合のｉ２ｉは、シンプルに著作権侵害の可能性が高まるってことですね。

ｉ２ｉのために他人の著作物を利用する行為自体は、三〇条の四により適法だという解釈も可能です。とはいえ、ｉ２ｉに利用した画像と類似した画像を人間の鑑賞用途に用いる意図であれば、そもそも「著作物の表現を直接人間が享受することを目的としない利用」ではないため、三〇条の四は適用されないという解釈も成り立ちえます。

この考えかたに立つ場合、ｉ２ｉにより生成された画像の類似性を問わず、ｉ２ｉに他人の作品を利用する行為自体が、私的利用などに該当しないかぎり、**著作権侵害と評価される可能性もある**でしょう。いずれにしてもｉ２ｉのほうがｔ２ｉよりも違法となるリスクの高い手法であることは確かです。

他人のイラストを入力にした場合、**同一性保持権《どういつせいほじけん》**[*26]についてはどう解釈されますか？

同一性保持権侵害が認められるためには、**入力画像と生成画像の類似性が認められること**が大前提です。というのは、同一性保持権とは、**他人の著作物の本質的な特徴を備えたまま、それを改変する場合に侵害される権利**だからです。ｉ２ｉに他人の画像を利用したと

＊26 **同一性保持権**
著作者人格権の一つで、意に沿わない改変を受けない権利のこと。学習と同一性保持権に関する議論はQ31を参照。

しても、生成される画像に元画像との類似性がないのであれば、作者の同一性保持権を侵害したことにはなりません。

　逆にいえば、生成画像と入力画像の類似性が認められれば、著作権侵害かつ同一性保持権侵害となる可能性が高いです。

やっぱり類似性と依拠性が重要なんですね。

はい。さらにいえば、もし他人のイラストを入力したｉ２ｉ生成画像を自作と偽って発表した場合は、**氏名表示権**《しめいひょうじけん》*27の侵害となる可能性もあります。同一性保持権や氏名表示権を含む著作者人格権については、補論の「著作権法の基本」を参照してください。

*27 **氏名表示権** 著作者人格権の一つで、著作物に名前を表示するよう要求できる権利のこと。

QUESTION

17

依拠性と類似性が認められるかどうか、プロ以外が推測するための基準はありますか？

Ⓐ 「これを著作権侵害としたらほかのイラストレーターが困ることにならないか」という視点から考えてみるとよいかもしれません。

前提として、依拠性と類似性の判断はさまざまな要素を総合的に考慮して行われるため、**弁護士や裁判官などの法律の専門家でも判断が分かれる可能性がある難しい問題**です。

ＡＩ以外の盗作問題でも、裁判所の判断が第一審と第二審で変わった例がたくさんありますもんね。

はい。ですからやはり断言はできませんが、考えかたの指針はあります。

まず、依拠性に関しては、**問題となっている作品どうしの類似性が極めて高い場合には依拠性も肯定されるケースが多い**といえます。これは「こんなに似ているのだから偶然の一致ということはありえない」との推測がはたらくためです。

そうすると、問題となるのは類似性です。これについては、「**仮にこのくらい似ている作品が著作権侵害になるとした場合、ほかのイラストレーターが困ることにならないだろうか？**」という視点で考えてみるのが役立つかもしれません。

著作権とは、ある特定の表現について、それを作り出した特定の人間に**独占させるための権利**です。著作権が及ぶと解釈された表現に対しては、その作者の死後七〇年間という長期にわたり、ほかの人が自由に使えなくなります。

非常に強力な権利だということですね。

そうです。そして、著作権はもとの表現の類似性の範囲まで及ぶわけですから、類似性の要件を満たしているかどうかを判断する際には「この程度似ている作品について、この作者に独占を認めさせてよいだろうか」という観点から考えてみる必要があります。
たとえば、世のなかでは作品の全体的な雰囲気や画風・作風が似通っていたり、同一のモチーフや構図で描かれていたりすることのみをもって「盗作ではないか」、「パクリだ」といった批判が行われることがあります。しかし、絵の雰囲気や画風が似ているだけで類似性を認めてしまえば、作者の著作権が切れるまで、そういった雰囲気・画風の作品を今

後誰も描けなくなってしまいます。

○○派みたいな、作風や技法を共通とする流派みたいなものもなくなってしまいそうです。

モチーフや構図が同一であるというケースも同じです。たとえばある特定の構図について作者に独占権を認めてしまうと、ほかのイラストレーターはそれと似た構図を使えなくなります。構図にはある程度決まったパターンがありますから、構図が似ていることだけをもって類似性を認めてしまうと、いずれ世のなかのイラストレーターはいっさい絵が描けなくなってしまうでしょう。

　この考えかたは、類似性を判断する際のわかりやすいモノサシとはいえないかもしれません。でも、**AI生成画像を含めた他人の作品に対して「著作権侵害である」と主張する前に、一度立ち止まって考えていただきたい視点**です。

QUESTION

18

画像生成AIは、なぜ学習したイラストとほぼ同じものを出力してしまうことがあるんですか？

Ⓐ それが拡散モデルの性質であるということが報告されていますが、原因はよくわかっていません。

画像生成ＡＩをめぐるトラブルでよく目にするのが、**イラストレーターの作品とAI生成画像が似ていて、AIユーザーは当該イラストを知らないと主張しているケース**です。これ、この条件がすべて正しければ、画像生成ＡＩは**「学習データを保存しているわけではないのに、そっくりなイラストを出力してしまう」という性質がある**ことになります。

Stable Diffusionが学習サンプルと酷似した画像を出力してしまうことについては、いくつかのレポートがあります。基本的には「拡散モデルには学習画像を記憶してしまう性質がある」という観察結果の報告にとどまっており、その原因が解き明かされているわけではありません。

しかし「**学習画像のなかで重複数が多い画像は記憶されやすい**」ことと、「**モデルのパラメータ数が多くなるほど記憶される可能性は高くなる**」ことの二点は、確実にいえます。

前者は直感的になんとなくわかりますけど、後者はよくわからないです。

順序立てていきましょう。

まず、Stable Diffusionの学習データセットである**LAION-5B**《ライオンファイブビー》*28には、重複した画像が多く含まれています。重複の頻度が高いほどその画像を学習の過程で何度も使用することになり、モデルが画像を記憶してしまう可能性を格段に上昇させます。

LAIONデータセット内で多く重複している画像に絞って、酷似した画像が生成できるかの検証をした論文*29があります。このとき同じ画像が生成できた画像の多くは、学習データで一〇〇回以上の重複があるものでした。つまり、**学習時に同じ画像を一〇〇回使用したらその画像を記憶してしまった**、ということになります。

それに、さきほどの論文には、パラメータ数について「潜在拡散モデルより高性能でパラメータ数が多いといわれているピクセルベースの拡散モデルでは、画像を記憶してしまう割合が増加した」とも書かれています。ピクセルベースの拡散モデルは、Stability AIが新たに発表した**DeepFloyd**《ディープフロイド》 **IF**《イフ》*30にも使われているのですが、このAIは、学習画像と

*28 **LAION-5B**
二〇二二年三月にドイツの非営利団体が公開した巨大なデータセット。五八億以上もの画像とテキストの組み合わせから成る。

*29 ニコラス・カルリーニらが二〇二三年に発表した論文。"Extracting Training Data from Diffusion Models"
https://arxiv.org/abs/2301.13188

*30 **DeepFloyd IF**
二〇二三年五月にStability AIがリリースした画像生成AIサービス。

思しき画像を容易に出力できてしまう問題を抱えています。**高精度になるほど、学習画像をそのまま出力してしまう問題がより起こりやすくなる**可能性が示唆されています。

モデル自体がそういう性質をもっている可能性がある、ということですね。そうであれば、対策できるとしたら生成段階でしょうか。学習データと照合するなどして、同一ないし類似性の高い画像が出力されないようなしくみを作ることは技術的に可能ですか？

精度はよくありませんしすでに非公開になっていますが、**Stable《ステイブル》 Attribution《アトリビューション》**などのサービスは作られています。Stable Attributonは「生成ＡＩ画像がどの画像をもとにして生成されたのか」を表示するサービスですが、内部の動作的には、**CLIPの類似度を使って概念上類似する画像を表示**しています。この類似度は、ある程度……たとえば学習画像をそのまま検索に入れれば、同一の画像が表示される程度には機能します。

CLIPを使用しない場合であっても、見ためが似た画像を検索する技術はGoogleやYandexが開発しているので、そういった技術を応用することもできるでしょう。

ただし、作風や絵柄の模倣や、画像の一部分だけコピペになっている場合などを検出するのは現状の技術では難しく、今後の研究開発が望まれる部分です。

QUESTION

19

ControlNetなどによる構図の指定は創作的寄与と認められる可能性がありますか？

Ⓐ 構図の指定のみをもって創作的寄与があると認めるのは難しいと思われます。

ここからは、AIイラスト自体の著作権について掘り下げさせてください。Stable Diffusionがリリースされたあと、**ControlNet**《コントロールネット》が出てきましたよね。これ、棒人間でキャラクターのポーズを指定できる機能だと思ってるんですが、合っていますか？

それはControlNetのなかの**OpenPose**《オープンポーズ》*31という**プリプロセッサ***32を活用した機能ですね。ControlNetは、Stable Diffusionで**画像による条件づけを行うアドオン***33です。生成する画像に対する指定や、入力した画像に対する加工が行える機能だと思ってください。OpenPose以外にも、画像の線画を抽出する**Canny**《キャニー》や、画像の描き込みを増やす**Tile**《タイル》などのプリプロセッサがあります。

*31 **OpenPose**
骨格検出技術の一つ。画像を入力すると、その画像のなかの人物の骨格を抽出する。ControlNetのモデルの一つとして、プリプロセッサにOpenPoseを利用したものが存在する。

*32 **プリプロセッサ**
ソフトウェアにおいて、メイン処理の準備となる前処理を行うプログラムのこと。

*33 **アドオン**
ソフトウェアに新たな機能を追加するプログラムのこと。拡張機能。

ありがとうございます。よく見かける棒人間でのポーズ指定以外にも、いろいろできるんですね。

じゃあ、OpenPoseでポージングを指定されたＡＩイラストについて教えてください。OpenPoseでＡＩイラスト内の人物のポーズをかなり厳密に操作できるようになったわけですが、これが創作的寄与と判断される可能性はあるんでしょうか？

プロンプトのみを指定して画像を生成する場合と比較して、**人間の関与の度合いは大きい**と評価できるでしょう。生成画像に対してかなり直接的なコントロールを行っていて、意図が反映されていると評価しやすいからです。とはいえ、OpenPoseによる**構図などの指定を人間が行ったことのみをもってＡＩ画像が著作物として認められる、というのは難しい**でしょう。

これは、同じく構図やポージングの指定に創作性が表れる表現形式である**写真**と比較するとわかりやすいかもしれません。人物写真における創作的な表現とは、構図やポージング以外にどんなものがあると思いますか？

ライティングとか、陰影とかですか？

はい。ほかにも、「どんな服装・顔立ち・髪型のモデルを選ぶか」という**被写体の選択**やその**組み合わせ**、「その人物がどんな表情や視線の向けかたをしているか」という**シャッターチャンスの捕捉、どの部分を強調してどの部分を省略するかという判断**など、多くの要素があります。これらが組み合わさって、全体として著作権が認められているんです。

OpenPoseによる指定の場合、これらの要素のうち人間が具体的に指定・操作できるのは、構図やポージングのみです。それ以外の点についてはＡＩの自律的な生成に任されているので、OpenPoseを利用したというだけで人間の創作的寄与が肯定されるかどうか微妙なところです。

ただし、OpenPoseの使用に加えて、プロンプトやパラメータなどの要素にも人間の関与が強く及んでいるといった事情があれば、創作的寄与を認めてよいケースもあるのではないかと思います。

ポージング指定以外にも、詳細なプロンプトやパラメータを用意すれば創作的寄与が認められる可能性がある、ということでしょうか？ プロンプトに関していえば、**元素法典**＊34のような複雑なプロンプト集が公開されていますし、それこそChatGPTで用意することもできます。パラメータも多くの方が公開しています。OpenPoseに併せてこれらを流用

＊34 **元素法典**
NovelAIのプロンプト集。中国のコミュニティによって制作・管理されている。Google documentで公開されており、誰でも閲覧可能。

すれば、創作的寄与が認められるということですか？

いえ、**複雑であれば創作的寄与として認められる、というわけではありません。**これは「AさんがBさんに指示を与えて絵を描かせる場合」を想像するとわかりやすいかもしれません。

描くべき絵のコンセプトを、AさんがBさんに対してどれだけくわしく長文で説明して描かせたとしても、Bさんがそのコンセプトを自分なりに消化して自分の表現として絵を完成させた場合、できあがった絵はやはりBさんの著作物ということになるでしょう。

AIによる画像生成の場面でも、人間がプロンプトやパラメータとしてAIに与えた指示に対してAIが自律性をもって画像生成を行っている以上、出力された画像を人間が描いたと評価するのは難しい場合が多いと思います。要するに、重要なのはプロンプトやパラメータ設定の複雑さや詳細さというよりも、最終的に生成される画像を**人間がどの程度コントロールできているか**という点だと考えられます。

なるほど。でも、コントロールという観点なら、同じ生成モデルに同じプロンプトと**シード値《ち》**＊35を与えれば、必ず同じ出力が得られますよね。再現性があるということは、画像を人間がコントロールしているといえるんじゃないでしょうか？

＊35 **シード値**
画像生成AIにおいて、出力を決定づける値。基本的にはシステムの裏で与えられているランダムな値だが、アドオンなどにより明示的に指定することも可能。

いいえ、それは**順番が逆**です。人間は、頭のなかにある完成形のイラストを表現するために、特定のシード値を選んでいるわけではありません。**生成された画像のシード値がそれだった**、というだけです。「そのシード値であればこの画像が生成される」というのは、ＡＩが自律的に行った生成の結果ですから、それをもって**人間が生成されるイラストをコントロールしているとはいえない**でしょう。

繰り返しになりますが、プロンプトやパラメータが生成画像に影響を与えることは確かですから、生成画像に人間の創作的寄与があるかどうかを判断する際の一要素にはなると思います。しかし、そのとき強い判断要素となるのは複雑性ではありませんし、あるプロンプトとシード値に対して同じ画像が出力されるという結果でもありません。

うーん、ごちゃごちゃしてきたので整理しておきますね。

- ポージング指定のみで創作的寄与があると認められる可能性は低い
- ポージング指定・プロンプト指定・パラメータ設定などが組み合わさり、それぞれに人間の関与が強く認められる場合は、創作的寄与があると認められる可能性がある
- 人間の関与が認められるかどうかの判断においては、複雑性や詳細性よりも結果を

コントロールできているか否かのほうが重要

・OpenPoseなどによるポージングの指定は、プロンプトの指定やパラメータの設定よりは直接的に生成画像をコントロールしていると評価されやすい

「人間の関与が強く認められる」がどんな場合かを具体的に述べるのは、裁判例もないので難しい、という感じでしょうか。

そうですね。なお、ほかの人が考えたプロンプトやパラメータを流用して画像生成を行った場合、仮に人間の創作的寄与があると判断されても、そうした創作的寄与を行ったのは**そのプロンプトやパラメータを考えて公開した人**だと考えられます。それを画像生成ＡＩに入力したに過ぎない人の行為には、創作性（個性）が認められないからです。ChatGPTなどのＡＩが出力したプロンプトを使った場合も同様です。

一方、他人が公開しているプロンプトやパラメータを参考にして、そこにオリジナリティのある変更を加えて利用した場合には、生成を行った人間に著作権が発生する可能性はあります。ただ、前述のとおり、プロンプトやパラメータは人間の創作的寄与の有無を判断する際の考慮要素にはなるものの、単にそれが詳細で複雑なものだからといって、ただちに創作的寄与があると判断できない点は注意が必要です。

QUESTION

20

アメリカで「プロンプトで生成された絵に著作権を認めない」という著作権局の判断が出ました。プロンプトの創意工夫は著作権の有無に寄与しないと考えてよいですか？

Ⓐ 必ずしもアメリカと日本で同一の結論となるとはかぎりません。

二〇二三年三月一六日にアメリカの著作権局が公表したガイドライン[*36]では、作品における伝統的な意味での創作的要素が自律型ＡＩによって生成されている表現物については、著作権は認められないとの解釈基準が示されました。

同ガイドラインのなかでは、著作権が認められない具体例として、「**ＡＩが人間から単にプロンプトのみを受け取り、それに対して文章・画像・音楽といった複雑な表現物を生成する場合**」を挙げています。つまり、利用者の関与がプロンプトによる指示のみである、いわゆるｔ２ｉのケースでは、ＡＩが生成したイラストに著作権を認めないとの解釈

*36 https://public-inspection.federalregister.gov/2023-05321.pdf

が示されたことになります。

これはけっこう話題になりましたね。

もっとも、ある表現物について著作権が認められるかどうかは、各国の法律に照らし合わせて解釈されるものです。このガイドラインは**あくまでもアメリカ当局の解釈であり、日本の著作権法のもとでも同様の解釈になるとはかぎりません**。また、アメリカにおいてもこの著作権局の解釈が法的に正当かどうかは、**最終的にはアメリカの裁判所が決めること**です。アメリカ著作権局でも、パブリックコメントの結果などをふまえて、今後ガイドラインが変更される可能性もある点に注意が必要です。

いまのところ、最もＡＩ規制の機運が高いのはＥＵかと思います。日本の問題は日本の著作権法のもとで解釈されるにしても、海外の動きが日本の著作権法になにか影響与えることは考えられますか？

ＡＩ規制に関する国際的な協調の動きが今後強まる可能性はありますし、その場合に日本も影響を受けることは考えられます。

ただし、インターネットには基本的に国境が存在しません。そのため、ＥＵをはじめとするほかの国や地域でのＡＩ規制が、日本の企業や個人のＡＩ開発や運用に影響を与える可能性は否定できません。場合によっては、Ｑ４でも触れたように、著作権侵害の成否判断で他国の著作権法が適用される可能性もあるでしょう。

他国の著作権法が適用されるかもしれないという件、海外のサービスが日本にサーバーを置いた場合はどうですか？　日本にサーバーを置いたら機械学習し放題、なんてことになったら大変だと思うのですが……。

単にサーバーを日本に置いただけで日本の著作権法が適用される可能性は、それほど高くはないでしょう。

ご質問のケースでいえば、たとえばＥＵに本社や活動の基盤があるＡＩサービス運営企業がＥＵ域内にいるイラストレーターのイラストをＡＩ学習に利用している場合、単にサーバーの所在国が日本だからという理由で日本の著作権法が適用されるという可能性はかなり低いように思われます。もちろん著作権侵害の成否を判断する際にどの国の法律が適用されるかは、基本的に訴訟を提起した国の裁判所が判断することになるので、**最終的な結論は各国の裁判所次第**ではあります。

なお、国際関係的な視点からいうと、ＥＵやアメリカなど国際的な影響力の強い国や地域での法規制のしかたに合わせるよう、外交的な圧力がかかる可能性はあります。また、今後はＡＩ規制について同水準の協定や条約の締結を目指す機運が強まることも予想されます。その結果として、将来的に日本の著作権法の規制のしかたが他国と歩調を合わせたものに改正されることはありうるでしょう。

QUESTION

21

どうすればAIイラストに著作権が認められるようになりますか？

Ⓐ 「人間が道具としてAIを使ってイラストを描いた」と評価できる程度に人間の創作的な寄与が必要です。

繰り返し述べているとおり、原則としてAI生成画像に著作権は認められません[*37]。ある表現物に著作権が認められるためには人間の創作的な寄与が必要ですし、現状の画像生成AIのしくみでは、生成画像そのものに利用者の創作的寄与があると判断するのは難しいでしょう。

逆にいえば、AIが生成したイラストであったとしても、そこに**人間の創作的寄与があると評価できるのであれば著作権が発生する可能性はあります**。具体的には、次のようなケースであればAIイラストに著作権が認められる余地があると考えられます。

1. AIが生成したイラストに対して人間が加筆修正を加えて作品を完成させる

*37 Q6参照。

2．ＡＩが生成したイラストを素材として利用して作品を完成させる
3．ＡＩが生成したイラストを組み合わせて作品を完成させる
4．人間の創作的寄与があると評価できる程度に詳細かつ具体的な指示や設定を人間が与えてＡＩにイラストを生成させる

1は、生成したイラストをそのままでは使わずに、人間がそこに変更を加えて作品を完成させるケースです。これについては、次のQ22でくわしく説明します。

2と3は、どちらもＡＩイラストを一種の素材として利用するケースです。2については、たとえば**フリー素材を背景として使い、人物などを人間が描き込んで作品を完成させるのと基本的に同じ**です。

3は、複数のＡＩイラストを組み合わせる一種のコラージュのような技法で作品を完成させるケースです。コラージュは一般に著作物として認められていますが、**コラージュに使われる一つひとつの素材は必ずしも著作物である必要はありません**。たとえば、落ち葉などの自然物や、チラシの切れ端などのそれ自体は著作物とはよべない人工物を組み合わせて作ったコラージュであったとしても、その組み合わせのしかたに創作性があるのであればコラージュ作品全体として著作物と認められます。これは**コラージュに用いる素材がＡＩ生成の画像だったとしても同じ**ことです。

２と３の注意点として、作品全体としては人間の創作的寄与のある著作物と認められたとしても、そこに用いられている**AIイラスト自体に著作権が付与されるわけではない**という点です。ですから、たとえばＡＩイラストを背景に使った人物のイラストについて、背景部分だけを抜き出して使用する行為に対して、著作権侵害を主張することはできません。コラージュの場合も同様であり、あくまでもコラージュ作品における素材の組み合わせかたに著作権が発生しているだけなので、素材として使われたＡＩイラストを単体で無断利用されたとしても著作権侵害にはなりません。

４はそれ以外のケースとは異なり、ＡＩ生成画像自体にそのまま著作権が認められるケースです。プロンプトの指示やパラメータ設定の具体性・複雑さ・詳細さなどによっては、人間が道具としてＡＩを操ってイラストを描いていると評価できる場合があるかもしれません[*38]。この場合、人間がＡＩに与える指示や設定自体が創作的寄与と評価され、生成された画像が著作物として認められる可能性があります。ControlNetなどによる構図などの指定がある場合も、人間の創作的寄与を肯定する事情の一つとなりうるでしょう。

ただし、これは画像生成ＡＩをめぐる現在の議論状況からすると、かなり発展的な考えかたです。**人間が指示やパラメータ設定を与えるだけのケースでは人間の創作的寄与があるとはいえず、生成された画像に著作物性は認められないというのが、現在の一般的な見解**である点は留意してください。

*38 Q19の議論も参照。

QUESTION

22

著作権が認められない可能性があるかぎり、仮に有益だとしても、AIはクリエイターにとってリスクでしかありません。加筆などにより著作権が認められる可能性はありますか？

Ⓐ AIが生成した画像に対して人間が加筆修正を加えた場合、著作権が認められる可能性はあります。

質問にあるとおり、ＡＩが生成したイラストには、そのままでは著作権が認められないのが原則です。著作権がないということは基本的に誰でも自由利用が可能ということですから、第三者がそれを無断で転載や利用したとしても差し止めることはできません。

とくにクライアントからの依頼で制作するイラストの場合、納品物に著作権がないということになれば**クライアントから契約上の責任を追及されるリスク**もあります。そのため、もし仕事に画像生成ＡＩを使う場合は、ＡＩイラストをそのまま用いるのではなく、加筆修正を加えるなどして**著作権を発生させることが重要**となるでしょう。

では、具体的にどのように加筆修正を加えればよいのかが問題となります。この点、著作権は人間の創作的な表現を保護するための権利ですから、著作物として認められるためには**加筆修正の内容が創作性を有するものである必要**があります*[39]。「創作性」とは「作者の個性」といいかえてもよいでしょう。つまり、**人間の個性やオリジナリティが現れるような実質的な表現上の変更**が加えられる必要があります。

概念としては理解できるんですが、もうちょっと具体的な例で教えてもらうことはできますか？

では、あくまで「可能性がある例」ですが、いくつか挙げてみます。

1. AIイラストの主要なモチーフである人物のポージングを人間が変更する
2. 人物の顔をまったく別のものに描き変える
3. AIイラストを線画にして、元画像とは異なるタッチや画風、ライティングなどに人間が描き変える

*39 創作的寄与についてはQ6およびQ7を参照。

こういったケースでは、加筆修正のしかたにその人ならではの個性が発揮されるはずですから、完成した作品に著作権が認められる可能性が高いでしょう。

一方、同じ加筆修正であったとしても、次のようなケースでは創作的寄与があるとはいえません。

1. 画像のサイズを変更したりトリミングしたりする
2. 画像の色調や明度などを画像編集ソフトのプリセットを適用して変更する
3. 画像のなかにあるノイズを除去する

これらの作業は、それなりに労力がかかるものだったとしても、**作者ならではの個性が発揮されるとはいいがたいので創作的寄与と評価することは難しい**でしょう。

さっきよりイメージしやすくなりました。ちなみに、判断しづらいラインだと思うのですが、「画像内の人物のポージングの歪みを修正する」場合はどうでしょう?

それはまさに、**創作性のある加筆修正とそうではない単なる作業の境界線に位置するケース**ではないかと思います。明白に不自然な歪みを修正するのはノイズの除去に類する作業

であり、個性の発露とはいえないと評価できそうです。しかし、歪みの修正のしかたには、さまざまなバリエーションがありうるとすると、作者の個性が発揮されていると評価する余地もあります。最終的には、個別に具体的な事情を考慮して創作的寄与とよべるかどうかを判断していくことになるでしょう。

CHAPTER

3

学習データをめぐる問題

Chapter 3では、画像生成AIの学習データに関する問題を取り上げます。

［解説するおもな内容］

- ▶ NAIリークモデルとはなにか
- ▶ DanbooruとDanbooruデータセットの問題
- ▶ スクレイピングにおける問題
- ▶ LoRAや個人名プロンプトなどによる特定個人の模倣の問題

QUESTION
23–32

QUESTION

23

人間の創作物をいっさい学習させずに画像生成AIを作ることはできますか？

Ⓐ 現在の技術では困難です。

画像生成ＡＩの議論においてよく論点とされるのが、学習データですよね。最初に確認しておきたいのは、もし**画像生成ＡＩが人間の著作物なしで作れる**なら、この問題はきれいに解決するってことなんですが……やっぱり難しいんですか？

いずれできるようになる可能性はあります。でも、**現在の技術だと難しい**ですね。

それに「人間が見て意味がある画像」を生成するためには、「どのような画像が意味のある画像か」という**評価指標**だけは人間が与える必要があります。つまり、将来的に人間の創作物を使用しない生成ＡＩができたとしても、人間の評価だけは最後まで必要になってきます。

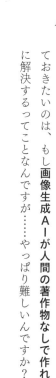

人間の評価によって意味が与えられるということは、人間の著作物なしで生成ＡＩを作るのは難しいとしても、ＡＩが生成した画像を人間が評価することを無数に繰り返していけば、**人間の著作物なしでもＡＩは進化していける**ということでしょうか？

条件次第ですね。それに、「進化」をどう解釈するかにもよります。

「進化」を「精度向上」と考えるならば、たとえば**既存の概念どうしを掛け合わせるもので**、かつ**学習データがあまり存在しない分野**なら、ＡＩ生成画像を人間が評価し再学習させ続けることで、性能向上が可能でしょう。

たとえば、「富士山の浮世絵」「富士山の写真」「高層ビルの写真」だけを学習した画像生成ＡＩは、「高層ビルの浮世絵」を精度よく生成できます。ＡＩは、こういった既知の概念を掛け合わせた未知の概念の画像生成が得意です。「既存の概念を掛け合わせて未知の概念を作れる」ことが、**ＡＩにも創造性があるといわれる理由の一つ**ですね。

このとき、生成された画像を人間が評価して、高いスコアをもつ画像だけを再度ＡＩの学習サンプルに加えることで、ＡＩ内の特徴量空間*1をより充実させることができます。特徴量空間において、それまでは情報がまばらに点在していたエリアがＡＩ画像の学習で充実すると、そういった画像を生成するクオリティは向上しますし、副次的にそれ以外の部分の精度も向上することになります。

*1 特徴量空間についてはＱ10参照。

一方で、すでに特徴量空間に情報が密集しているエリアの場合、ＡＩが生成した画像をどれだけ学習させても性能レベルの向上はかぎられるでしょう。さきほどの浮世絵の例でいえば、「富士山の浮世絵」などの場合です。つまり、**学習データがすでに十分に存在している分野**では、**ＡＩ画像の学習による性能向上は限定的**であると考えられます。

また、このＡＩの精度がどれだけ向上したとしても、浮世絵と写真しか知らないＡＩがいきなりキュビズム*2のような「いかなる既知の概念を掛け合わせても生成できない新概念」を生み出せるわけではありません。

冒頭で述べたとおり、人間の創作物をいっさい学習させずに画像生成ＡＩを作ることは、少なくとも現時点では困難です。つまり、事前学習の段階では、やはり**人間の創作物による学習データが必要**です。一方でファインチューニングに関しては、ＡＩ生成画像を学習して精度を向上させることも、分野によっては可能でしょう。

*2
キュビズム
美術の様式の一つ。二〇世紀初頭にパブロ・ピカソとジョルジュ・ブラックによって創始された。

QUESTION

24

許諾のとれたイラストだけを学習させればいいのに、なぜそうしないのですか？

Ⓐ 研究開発のために著作物を無断で使用することは、法的に認められているからです。

画像生成ＡＩが登場してから、無断学習、って言葉を見かけるようになりましたね。文脈によって細かい意味やニュアンスは変わってきますが、最も広い意味として捉えるならば、「**著者に無断で著作物をＡＩに学習させること**」だと思います。

そもそも、研究者や開発者たちは、どうして無断で著作物を学習させるのでしょう？

法的に認められているからです。日本では三〇条の四で、研究開発目的の著作物利用が認められています。商用目的でも可能です。アメリカでは使用目的やデータの変容性に応じてフェアユースとして認められるので、目的が研究であれば、そもそも許諾をとる必要はないと考えられます。

これはQ２で教えてもらったとおりですね。ただ、たまに「**非営利機関が作ったデータセットを営利企業が使っている状況はデータロンダリング**[*3]**だ**」という批判も見かけます。これはどういうことでしょう？

フェアユースの穴を突いたデータロンダリングともいわれている問題ですね。

たとえば、Stable DiffusionはLAIONという非営利研究機関が作ったデータセットで学習を行っていますし、OpenAIはOpenAI Inc.という非営利企業をもっていて、データセットの作成はそちらで行っています。これによって、彼らはフェアユースの条項を巧妙に達成しているわけです。

非営利機関がモデルを作り、そのモデルを利用して営利企業がサービスを展開するのは、「フェアユースの穴を突いたデータロンダリングではないか」という指摘があるのは当然のことでしょう。

＊3
ロンダリング
「洗浄する」という意味の言葉。特定の語句につなげて、本質的によくないものをよいものに見せかける、という揶揄の意味として用いられる。データロンダリングの場合、不正なデータをなんらかの手法によって正当なデータに見せかけることを意味する。

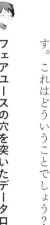

QUESTION

25

高品質な出力が可能な画像生成AIはリークモデルを使っていると聞きました。リークモデルとはなんですか？

Ⓐ おもにNovelAIから流出したモデルのことです。

基本的には、ＡＩに学習させるために著作物を利用するのは法的に問題ないということですが、これは法的にもちょっとグレーなのでは、という例がＱ２でちらっと触れられていましたよね。

リークモデルですね。これはおもに**NovelAIからハッキングで流出したモデル**を指します。

NovelAIは、MidjourneyとStable Diffusionから少し遅れた二〇二二年十月に発表された画像生成ＡＩサービスです。NovelAIはStable Diffusionをベースに**Danbooru**《ダンボール》*4のデータセットでファインチューニング*5していることを公表していますが、単にファインチュー

*4 **Danbooru**
おもに日本のイラストを共有する海外のサイトで、ほぼすべてが著作者でない第三者による無断転載で成立している。くわしくはＱ26参照。

*5
学習済のAIモデルに対して行う、微調整のための学習のこと。Ｑ２参照。

ニングしたというだけでなく、性能を向上させるためにさまざまな新規技術が盛り込まれていました。高品質なアニメ調イラストを生成できる点が特徴です。

このNovelAIのモデルは非公表だったのですが、サービスリリースのわずか**数日後にハッキング**され、**内部のモデルが流出**してしまいました。

ＡＩモデルはプログラム著作物と考えられるので、**権利元であるAnlatanに無断でNovelAIのモデルを複製したり公衆送信したりする行為**、要するにコピーしてばらまくことは、少なくとも日本の著作権法上は**Anlatanに対する著作権侵害**[*6]となるでしょう。

この流出したNovelAIのモデルを、リークモデル、あるいは**ＮＡＩリークモデル**とよびます。流出以降、一般ユーザーがＮＡＩリークモデルをベースにファインチューニングを行い始め、ＮＡＩリークモデルをベースにしたと思われる高性能なイラスト特化ＡＩが次々と公開されることになりました。

不正な手段で企業秘密を引っこ抜かれて、ばらまかれてしまったというわけですね。これ、ばらまかれたリークモデルをダウンロードして使ったり、ファインチューニングして公開したりするのって、法的に問題ないんですか？

*6 NovelAI公式はSNSにてリークモデルに対する警告を投稿している。https://twitter.com/novelaiofficial/status/1672077089233838080

リークモデルを使って運用されている画像生成サービスをユーザーとして利用するだけなら、著作権侵害にはならないと考えられます。そのユーザー自身は、もとのプログラム著作物の複製などをしているわけではないですからね。ただ、**利用料を払って利用する場合は、著作権侵害の幇助として違法となる可能性**はありそうです。また、リークモデルにファインチューニングを行って公開する行為も、もとのモデル（プログラム）と類似性の範囲内であるかぎり、複製・公衆送信に該当し、著作権侵害となるでしょう。

QUESTION

26

Danbooruとはなんですか？ また、DeepDanbooruとはなんですか？

Ⓐ **Danbooruは二次元イラスト画像の投稿・共有サイトの名称です。DeepDanbooruはイラストの構成要素のタグを出力するための機械学習モデルの名称です。**

リークモデルの説明で名前だけ出てきた**Danbooru**について、かんたんに説明します。

Danbooruは、おもに海外ユーザーが日本の二次元イラスト画像を投稿・共有するウェブサイト*7です。**基本的にすべての画像が無断転載**であり、**Danbooruタグ**とよばれる大量のタグが人力で画像ごとにつけられています。

たとえば、「1girl」「solo」「looking_at_viewer」などのタグです。このような一般名詞以外にも、キャラクター名などの固有名詞のタグも大量に存在します。このタグの精度が非常に高く、また画像とタグのセットをデータセットとして公開しているため、さまざまなＡＩ技術の研究開発にしばしば用いられています。

*7 https://danbooru.donmai.us/

Danbooruについて調べているとDeepDanbooru《ディープダンボール》という名前もよく見かけるんですが、これはなんですか？

DeepDanbooruは、Danbooruデータセットを使って開発された、二〇一九年公開の「**画像を解析して、画像に付与されるべきタグを生成する**」機械学習モデルです。拡散モデルベースの画像生成ＡＩと直接的な関係はありませんが、画像生成ＡＩモデルの学習のための「画像に対応するキャプションを用意する」工程で使用されることが多いようです。

それにしてもDanbooruは、ほぼすべて無断転載なんですよね……。

　調べてみたところ、DanbooruにはアメリカのDMCA《ディーエムシーエー》*8による権利侵害申立の窓口*9が設置されているようですが、日本のイラストレーターがこうした手続きを利用することはまれなのでしょうか。権利侵害の申し立てにおいて、ハードルだと感じることはありますか？　たとえば言語の問題であったり、そもそも無断掲載されていることを知るのが難しかったり、削除されてもいたちごっこになってしたり……。

イラストレーター全体の意見はわからないので、僕が知っている範囲の話になりますが、

*8
DMCA
Digital Millennium Copyright Actの略。Web上の著作物に関するアメリカの法律。デジタルミレニアム著作権法ともいう。

*9
https://danbooru.donmai.us/dmca

おそらくはそういう手続きはあまり利用されません。

そもそもイラストって、**本当にあちこちで無断転載されるん**です。ＳＮＳのアイコンにしたり、コラ画像を作ったり拡散したりしている人たちは、無断転載という意識すらないと思います。そういう状況なので、他人に自作発言をされたり金銭が絡んだりしないかぎりは、触れない人のほうが多いと思います。**個人ですべてに対応するのは不可能**なんです。

QUESTION

27

なぜ無断転載ばかりのDanbooruのデータで学習を行うのですか？

Ⓐ Danbooruが機械学習データセットを公開しており、かつタグの精度が高いからです。

Danbooruのデータセットは A I 開発でよく使われているみたいですが、なぜわざわざ無断転載サイトであるDanbooruのデータセットを使うのでしょう？

タグで管理されているイラストサイトはたくさんありますから、そういうところからスクレイピングすれば、同じようなデータセットは作れる気がします。それに、DeepDanbooruで画像にタグがつけられるなら、**タグなしの画像データに対しても楽にタグをつけられる**んじゃないですか？

画像データの学習データセットとして、Danbooruが非常に優秀だからです。

タグ機能がある有名なイラストサイトとしてpixivが挙げられますが、pixivは利用規約でスクレイピングを禁止しているのでデータ収集ができませんし、タグの種類もDanbooruより少ないです。一方でDanbooruは画像をダウンロードするためのAPI《エーピーアイ》*10を用意していますし、研究用のデータセットも公開しています。

　また、確かにタグづけはＡＩでも可能ですが、人力で正確につけられたデータには敵いません。Danbooruはすべてのタグが人力でつけられており、データセットとして非常に優秀なのです。少なくとも**研究者がアニメイラスト風の画像データを利用したなにかしらの機械学習モデルを作ろうとした場合、Danbooruデータセットは非常に便利で扱いやすい**ということです。

スクレイピングの話題が出たので、ちょっと質問させてください。スクレイピングを行う際、たとえば画像の説明文やタグのようなかたちで**「ＡＩによる学習禁止」という作者の表明がある場合**、そうした画像を**スクレイピングから自動的に除外する**、ということは技術上可能なのでしょうか？

　もしこれが可能であり、ＡＩ開発企業全体でそうした作者の意思を尊重するというコンセンサスができれば、ＳＮＳやイラストサイトに公開する作品に対して作者による「自衛」が可能だと思うのですが。

*10
API
Application Programming Interfaceの略。「データをダウンロードする」「必要な情報を書き出す」など、特定の機能を提供するしくみのこと。

robots.txt[*11]のようなかたちで、決まりを作ることはできるかもしれません。

学習されないための手段としては、いまのところStability AIが**オプトアウト**[*12]のしくみ[*13]を提供していますが、オプトアウト提供開始後にリリースしたＳＤＸＬにおいては学習データについて触れられていないなど、今後このしくみが実際に機能するかは不透明です。また、OpenAIやMidjourneyはデータセットやオプトアウトのしくみを提供していません。もしこの三社が**合同で検索エンジンにおけるrobots.txtのような決まりをまとめる**ことができれば、**クリエイターがＡＩ学習を自衛するための枠組みは大きく改善される**でしょう。

検索エンジンのしくみ

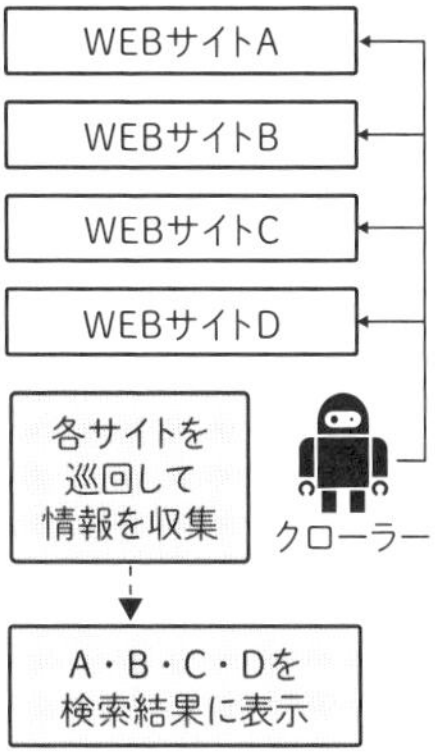

robots.txtのしくみ

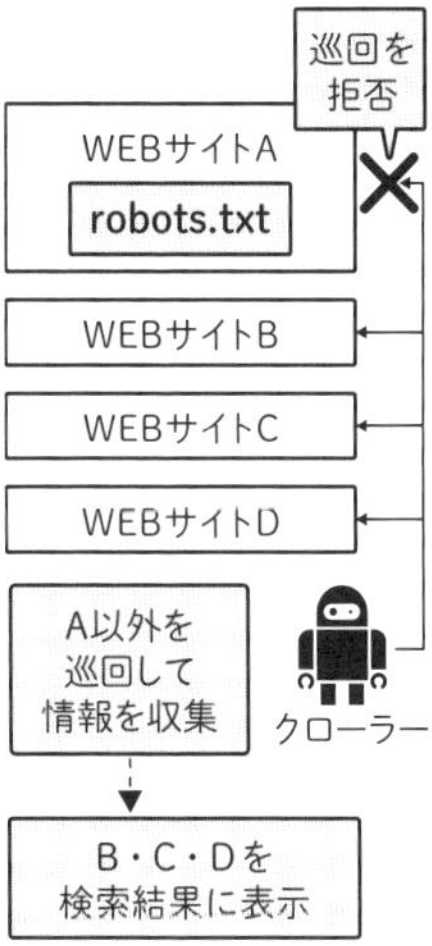

*11 **robots.txt**
Googleなどの検索エンジンは、クローラーというプログラムを使ってデータ収集をしている。robots.txtはクローラーを拒否するしくみ。

*12 **オプトアウト**
サービスやシステムから自分のデータを除外するしくみのこと。

*13
https://haveibeentrained.com/

*14
https://blog.adobe.com/jp/publish/2023/03/21/cc-responsible-innovation-in-the-age-of-generative-ai

個別の取り組みとしては、Adobe製品では、その来歴記録機能のなかで、クリエイターが公開した作品に対してAdobe Fireflyの学習を拒否する「Do Not Trainタグ」を設定できる[14]ようにしています。また、ArtStationというサイトで「NoAI Tagging」という取り組み[15]が行われています。これはＨＴＭＬのmetaタグ[16]に「NoAI」というタグを追加することで、希望する人はサイトの利用規約上ＡＩ学習の禁止設定が可能になるというものです。

しかしながら、これを無視してスクレイピングすることも技術的には可能です。「人間の目で視認できるウェブサイト」であるかぎりスクレイピングは可能なので、技術的な対策をどれだけ重ねても完全に防ぐことはできません。

技術的に完全に防ぐことが不可能だとしても、学習されたくないと表明している人の作品は学習しない、というしくみを整備する動きがあるといいですね。

そうですね。Stablity AIと提携しているSpawningは、ai.txtというしくみ[17]を提唱しています。これはまさに「robots.txt」のＡＩ版です。今後定着するかどうかは未知数ですが、こういう動きは出てきています。

＊15 https://magazine.artstation.com/2022/12/noli-tag/

＊16 **metaタグ** ウェブページを作るときに使われる言語であるＨＴＭＬにおいて、視覚的に表示されない情報を記述するためのタグ。サイトの情報やＳＮＳに投稿された際のレイアウト指定などが記されている。

＊17 https://site.spawning.ai/spawning-ai-txt

QUESTION

28

大規模なモデルでは学習画像が自動収集されていると聞きました。これは法的に問題ないのですか？

Ⓐ 画像の自動収集自体が法令に触れることはありません。収集方法や収集するデータの内容などによっては違法と評価される可能性があります。

スクレイピングを完全に防ぐことは技術的に不可能ということでしたが、そもそもクローリングやスクレイピングは法的に問題ない行為なんですか？

スクレイピングやクローリングを直接的に規制する日本の法令はありません。したがって、ＡＩ学習のために画像を自動収集するしくみがとられていたとしても、それだけで違法だと評価することはできないでしょう。

ただし、例外的に違法と評価されるケースがあります。一つは、**特定のウェブサイトの**

サーバーに過度の負荷をかけて運営に支障を来たしてしまう場合です。これは偽計業務妨害罪や電子計算機損壊等業務妨害罪などの、刑法上の犯罪となることがあります。

過度に負担をかけるなら、DoS《ドス》攻撃*18と変わらないですもんね。

もう一つは、**収集するデータに個人情報が含まれている場合**です。個人情報を含むデータを取得する場合には利用目的を明示しなければならないので、プライバシーポリシーなどで「ＡＩの学習に利用する」などの利用目的を明示せずに個人情報を収集すると、個人情報保護法違反となります。

　さらに、個人情報のなかでも人種や病歴といった**取り扱いに高度の配慮を要する情報**については、取得に同意を得る必要があります。スクレイピングでは事前の同意を得ることはできませんから、収集したデータにこれらの配慮を要する個人情報が含まれている場合は個人情報保護法違反となる可能性があります。

画像の収集で個人情報を含むことってありますか？

イラストではあまりないでしょう。しかし、身分証明書やカルテなどの画像データはウェ

*18 **DoS攻撃**
サイバー攻撃の一つ。集中アクセスなどで負荷をかけてサーバーやシステムを停止させるもの。

ブ上で見かけることがありますし、これらは当然ながら個人情報を含んでいます。こういったデータをスクレイピングすると、個人情報保護法に抵触するおそれがあります。
あとは、**利用規約でスクレイピングが禁止されている場合**も違法と評価される可能性があるケースの一つです。

さっき触れられたように、pixivがそうですね。

こうしたウェブサイトに対してスクレイピングを実施した場合、利用規約違反として債務不履行責任や不法行為責任が発生する可能性があります。ただ、これについてはスクレイピングを行っている側から「利用規約には同意していない」「機械的に収集しているから利用規約の内容は認識していなかった」などの反論が出される可能性があります。この場合にスクレイピングによりデータ収集を行った側が法的責任を負うかどうかは、個別の事情に応じて結論が分かれる可能性があります。

ただし、利用規約でスクレイピングを禁止しているサイトからデータ収集することは、「そのサイトに掲載した画像はＡＩ学習には利用されないはずだ」という**作者の期待を裏切るもの**といえます。そのため、三〇条の四の例外である「**著作権者の利益を不当に害する場合**」**に該当するか**どうかを判断する際に、考慮される事情となる可能性があります。

QUESTION

29

特定個人のイラストで集中的にファインチューニングしたLoRAモデルの出力は、類似性と依拠性が認められて著作権侵害となりうるのではありませんか？

Ⓐ 著作権侵害が成立する可能性があります。

Q14の脚注で軽く触れましたが、LoRAとはLow-Rank Adaptationの略で、画像生成AIにおいては、特定の作家の作品やキャラクターなどを集中的に学習したモデルを指すことが多いです。LoRAは権利侵害に当たるんじゃないか、と動向を気にしている人は多いと思います。私も、パッと見である作家さんの作品だと思ったイラストがLoRAの出力だった、という経験が何回かあります。**集中的にファインチューニングしているということは寄せる意図がある、**つまり**依拠性がある**ということだと思うのですが、どうでしょうか？

一口にＬｏＲＡといってもさまざまな種類があるので、その使用自体が権利侵害や違法性をもつというものではありません。しかし、ＬｏＲＡのなかでも、**特定の作家の作品のみを集中的に学習させたモデルについては権利侵害の可能性が高まります**。

まず、こうしたＬｏＲＡで画像を生成すると、当然ながら学習に利用された特定個人のイラストと類似性を有する画像が出力される可能性が高まります。これはｔ２ｉでもｉ２ｉでも同様です。他人の著作物の創作的表現と類似する表現物を生成すれば、それは作者の著作権侵害となります。

特定の作家の作品を集中的に学習したＬｏＲＡを使用する場合、特定の作家に似せる意図があると評価されるはずですから、依拠性も肯定される可能性が高いです。したがって、こうした**ＬｏＲＡの使用はＡＩによる著作権侵害を誘発させるおそれ**があります。

もっとも、特定の作家の作品のみを追加学習したＬｏＲＡを使用する行為自体が著作権侵害になるのではなく、あくまでもそれを**利用した結果**として、その作家の著作物と**類似する画像が生成された場合**にのみ著作権侵害となるのが原則です。

やっぱり、類似性を満たすためには「**特定の著作物**において**具体的な表現**が似ている必要がある」ということでしょうか。

それが原則です。ただし、特定の作家の画風やキャラクターなどを模倣してその**知名度や人気にタダ乗りする意図でＬｏＲＡモデルを開発する行為**は、三〇条の四の例外である**「著作権者の利益を不当に害する場合」に該当する、**という評価もありえるかもしれません。また、特定の作家の作品と類似する画像を生成する目的でその作家の作品を集中的に学習に利用する行為については、それ自体が著作権侵害になるとの解釈が可能です。

「著作物の表現を直接人間が享受することを目的としない利用」ではないから？

そのとおりです。こうしたモデルは最初から**作者の著作物と類似した画像を人間の鑑賞に供する意図**で開発されており、**「著作物の表現を直接人間が享受することを目的としない利用」には該当しない**との解釈もできると考えられます。文化庁作成のＡＩと著作権に関する資料*19にも、これと同様の見解が書かれています。

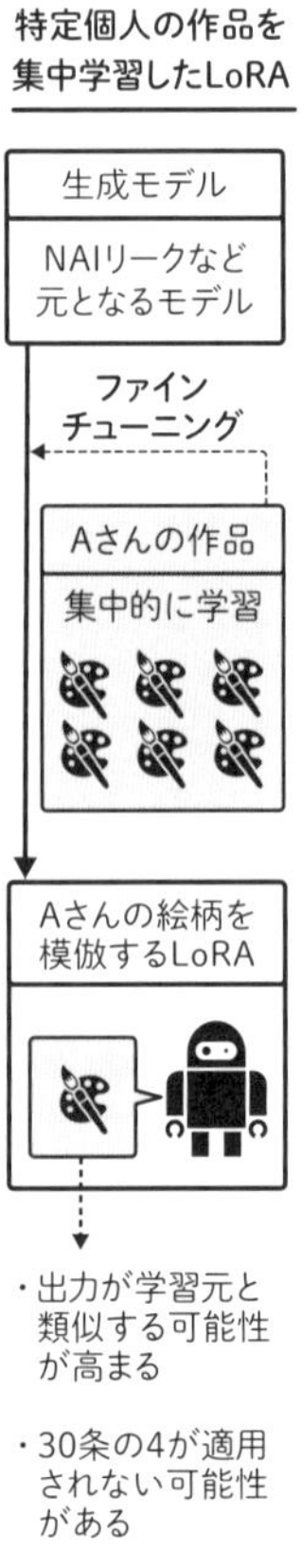

*19 Q2脚注11参照。

QUESTION
30

プロンプトに「○○風」など特定のブランド名や個人名を入れる場合があります。出力が「○○」の作風と近しい場合、権利侵害の可能性はありませんか？

Ⓐ プロンプトに特定のブランド名などを入れて生成した画像であっても、単に作風や画風が似通っているだけでは著作権侵害とはなりません。

これも「依拠性が肯定されやすいのでは」という文脈の質問ですね。

プロンプトに有名な作品名やスタジオ名、あるいは個人名などを入れることで、**作風や画風を寄せる**手法が使われることがあります。この手法を用いたときに、特定の作品の表現と類似性を有する画像が生成されれば、当然ながらそれは著作権侵害となる可能性があります。たとえば、有名な映画のワンシーンと酷似している、などですね。

プロンプトに特定の名称を入れる行為は**依拠性を肯定する方向にはたらく**ので、類似性のあるイラストが生成された場合に著作権侵害の責任を負う可能性は高いといえます。

うーん、やっぱり「特定の著作物において具体的な表現が似ている必要がある」ということでしょうか。

そうですね。生成される画像について、その作家の特定の作品と類似性が存在する場合にのみ著作権侵害となるのが原則です。

　画風のみが似ている場合を考えてみましょう。通常の著作権法の理解では、画風が似ているだけでは著作権侵害の成立に必要な類似性の要件を満たさないと考えられています。

　著作権侵害が成立するためには、あくまでも特定の作品に表れた具体的な表現との類似性が必要です。ここでいう具体的な表現とは、絵の主題（モチーフ）・構図・ポージング・配色・色調・ライティング・陰影のつけかたなどです。

　絵のタッチやデフォルメの程度など、いわゆる画風もこうした表現を構成する一要素ではあるのですが、あくまでも多くの要素のうちの一つでしかありません。そのため、単に画風だけが似ている画像であれば、通常は類似性が否定されることになるでしょう。もちろん、**その他のモチーフや構図などの類似性なども総合的に考慮**して、画風が近い画像に対して**著作権侵害の成立が認められることはありえます。**

QUESTION

31

パブリックドメインの作品だとしても、学習利用は同一性保持権の侵害になるのではありませんか？

Ⓐ 同一性保持権の侵害にはならないと考えられます。

パブリックドメイン、つまり作者の死後七〇年が経過して、著作権が切れて自由に使えるようになった作品がありますよね。こういう著作権が切れている作品をＡＩの学習に使うことって、なんらかの権利侵害になる可能性はあるんですか？

基本的にはありません。

質問で挙げられている同一性保持権を中心に説明しますね。**同一性保持権**《どういつせいほじけん》は著作物の内容やタイトルなどを勝手に改変されない権利で、**著作者人格権**《ちょさくしゃじんかくけん》の一つです。これは著作物に対して著作権とは別に発生する権利で、作者の人格的利益に対して法的保護を与える**人**《じん》**格権**《かくけん》の一種です。一般に、**人格権はその対象となる人物が死亡すれば消滅する**と考えられているため、著作者人格権も作者の死亡の時点で消滅すると考えられます。

え、じゃあ著者が亡くなったあとは、著作物の内容を勝手に変えてもいいんですか？

いいえ。人格権は基本的に権利者の死亡で消滅するのですが、著作権法では、**作者の死後も人格的利益を一定程度保護するための特別の規定**が設けられています。それが**著作権法六〇条**です。六〇条では、「著作物を公衆に提供し、又は提示する者は、その著作物の著作者が存しなくなった後においても、著作者が存しているとしたならばその著作者人格権の侵害となるべき行為をしてはならない」と定められています。

侵害行為に対しては、特定の近しい遺族[20]か遺言により作者から指定を受けた者が、差し止めや名誉回復のため措置を請求する権利を行使できます。また、これに違反して作者の死後の人格的利益を侵害した者に対しては、刑事罰も科される可能性[21]があります。

著作物を公表するなら同一性保持権の侵害が成立する場合があるんですね。

しかし、**画像生成ＡＩの学習段階において同一性保持権侵害が成立することはない**と考えられます。というのは、同一性保持権侵害が成立するためには、一般に**改変前の著作物の本質的な特徴を備えつつ、それを一部改変する表現物が作られる**ことが必要だからです。

ＡＩ学習の段階では、人間に見えるかたちで元画像と類似する画像を生成することはあ

＊20 配偶者、子、父母、孫、祖父母、兄弟姉妹。

＊21 著作権法一二〇条。

りません。そうした画像が生成される可能性があるのは、学習済みのモデルを利用した生成の段階です。したがって、パブリックドメインの作品をＡＩの学習に利用する行為は、同一性保持権侵害に相当する行為となることはないでしょう。なお、この議論は作者存命中の場合にも当てはまりますから、**学習データとしての利用行為に対して作者が同一性保持権侵害を主張することはできない**と考えられます。

学習に対しては同一性保持権の侵害は成立しないだろう、と。ということは、学習済のモデルで生成された画像が、パブリックドメインの作品と類似しつつちょっと改変されてる、みたいな場合はどうでしょう?

理論上は、作者の死後の人格的利益の侵害となる可能性があります。この場合、作者の遺族から差し止めなどの請求を受ける可能性があるほか、刑事罰が科される可能性もあります。

　もっとも、このような類似する画像が生成されればすべて違法かというと、そういうわけでもありません。というのは、この場合の違法性は、行為の性質・程度・社会的事情の変動などの事情を考慮して判断されるためです。作者の死後相当の期間が経過している場合には、たとえ類似性のある画像をＡＩが生成してしまったとしても違法と評価されないことも多いと考えられます。

QUESTION

32

あなたが考える「クリーンな学習」とはなんですか？

Ⓐ **「クリーン」を「グレーゾーンも排除する」と捉えるのであれば作者から同意を得た作品かパブリックドメインの作品のみを学習データとして使用する必要があります。**

クリーンな学習、という言葉をときどき見かけるんですが、使っている人によって意味が違うなと感じています。すべての人にとっての共通見解はないと思いますが、個人的にでいいので、この言葉をどう捉えているか教えてほしいです。

画像生成ＡＩにおける一般論としてのクリーンさとは、**「権利関係がクリアでコンプライアンスを気にする企業が商用利用できるレベル」**を指していると思われます。これは、一般的には**「使用許諾を得た画像」**か**「使用許諾を得る必要がない画像**（パブリックドメインやCC0《シーシーゼロ》*22）**」だけで構成されたデータセットで学習したもの、**と定義できるでしょう。

弊社の**Mitsua Diffusion One***23や、AdobeのFireflyはその方針で学習をしています。

*22 CC0
クリエイティブ・コモンズ・ライセンスという、作者が「この条件を守れば作品を使ってよい」と示すオープン・ライセンスのなかの一つで、作品をパブリックドメインにおくという宣言のこと。

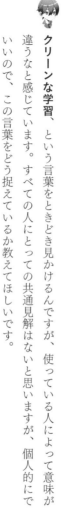

一方で、パブリックドメインの作品を学習することについて、作者の尊厳などの倫理的問題を指摘する声もあります。万人に受け入れられる、**完全なクリーンを定義するのは非常に難しい**ことがわかります。

Adobe Fireflyも、そもそもの学習元であるAdobe Stock自体に、転載画像やAI生成画像がアップされている点が指摘されていますね。では、法律家の視点ではどうでしょう？

現在の法制度を前提とすると、**AI学習のための他人の著作物の利用は原則として適法**です。とはいえ、「適法だからすべてクリーンといえるのか」というと、これは**おおいに疑問が残ります。**これは、三〇条の四に**「著作権者の利益を不当に害する場合には著作権侵害となる」という例外規定が設けられているため**です。

この「著作権者の利益を不当に害する場合」とは、さまざまな事情を総合的に考慮して判断されるものです。そのため、「このようなケースであればOK、このようなケースはNG」といった基準を示すことができません。今後、裁判例や学説の議論が成熟してくれば基準を示せるようになるかもしれませんが、まだまだ時間がかかるでしょう。

このような状況において、完全に「クリーン」とよべる学習を実現するためには、学習データを提供する人間から、**すべて個別に同意を得る**必要があると考えます。著作権を

*23
Mitsua Diffusion One
株式会社アブストラクトエンジン開発の画像生成AI。倫理的問題の解決に重点をおいている。
https://elanmitsua.com/

もつ作者の同意があれば、学習への利用行為は完全に適法であると評価できます。

パブリックドメインの作品については、**学習データとしての利用が著作権侵害になる可能性はありません**。そのため厳密な意味で「クリーンな学習」とするのであれば、これらの作品のみを学習データとして利用すべきです。

しかし、当然ながらこうした自己制約を課したＡＩ開発は、スピードの面でほかの企業に大幅な遅れをとることになります。実際には「完全なクリーン」を目指すのではなく「黒よりのグレーは排除する」というのが企業の現実的なスタンスになると思われます。具体的には、次のような点に注意しつつ、最新の議論の流れや世論などもふまえて学習のしくみを随時見直していくことが必要であると考えます。

1. 画風を模倣して知名度や人気に**フリーライド**[*24]するなど、特定の作家への不利益性が大きいモデルの開発は、その作家から同意が得られないかぎり避ける。
2. 適法に公開された画像データのみを学習に利用する。無断転載が明らかなウェブサイトからのデータ収集は行わない。
3. 「ＡＩ利用禁止」を明示している作家の画像データは学習に利用しないよう選別するしくみを設ける。

*24 **フリーライド**
ビジネスにおいて、本来必要であるコストを支払わずに利益を得る行為のこと。

CHAPTER

4

生成AIをめぐるトラブルと対処法

Chapter 4では、画像生成AI関連で想定されるいくつかのトラブル事例について、対処法を考えます。

［解説するおもな内容］

- ▶画像生成AIやその利用者に権利を侵害された場合の対処法
- ▶画像生成AIの利用で権利を侵害されたと指摘された場合の対処法
- ▶画像生成AIを仕事やコンテストなどで利用することの可否
- ▶AIで生成された画像を見抜く方法はあるのか

QUESTION

33–43

QUESTION

33

AIにイラストを学習されたくありません。いまできる現実的な対策を教えてください。

Ⓐ「AI利用禁止」を利用規約で謳うウェブサイトやSNSを利用することで意に反する学習行為に対して法的責任を問える可能性があります。

三〇条の四により、著作物をAI学習に利用する行為は原則として適法です。そのため、自分の作品をAI学習から完全に保護することは難しいでしょう。大規模なAIモデルの開発はスクレイピングなどの手法でデータ収集が行われているため、「インターネット上に自分の作品を公開しない」という手段は有効ですが、ネットを一切利用せずにイラストレーターとして活動することは、あまり現実的な方策とはいえません。

その前提のうえですが、AI学習から自分の作品を守りつつインターネット上に作品を公開するためには、**作品の掲載先となるウェブサイトやSNSをよく吟味すること**が役立つかもしれません。たとえば、**利用規約などで「掲載されているユーザーのコンテンツのAIによる学習への利用禁止」が明示されているサイト**[*1]などを自分の作品の発表場所

*1 イラストなどの投稿サイトではXfolio（https://xfolio.jp/）がAI作品の投稿やスクレイピングを禁じている。コミッションサイトではskebがAI作品の納品を禁じており、AI作品の検出機能も導入している。二〇二三年十月現在、イラスト投稿サイトなどでAI作品を禁じているサービスはほかにも存在する。

とすることは、一考に値します。

とくに、ＡＩに対して慎重な立場を明確にしているサイトなどであれば、ＡＩ開発を行う他企業のスクレイピングの対象とされた場合に、ＡＩ開発企業に対する法的措置を講じてくれるかもしれません。この場合にサイト側の請求が認められるかどうかは個別の事情により左右されますが、**訴訟リスクを恐れたＡＩ開発企業がそのサイトをスクレイピングの対象から外す判断をする可能性**があります。

また、このように利用規約でＡＩ学習への利用を禁止されているサイトに自分の作品を公開した作者には「**自分の作品が学習データとして使われることはないはずだ」との正当な期待**があると評価されるでしょう。それに反してＡＩ学習に自分の作品を利用されてしまった場合、三〇条の四の「著作権者の利益を不当に害する場合」に該当するとして、作者自身が損害賠償などの法的請求をＡＩ開発企業に行うことができるかもしれません。これも実際に請求が認められるかどうかは個別の事情によりますが、少なくとも作者の側からは**法的請求の論拠が増える**ことになります。一方、ＡＩ開発企業としては法的なリスクが増えることになりますから、ビジネス判断としてＡＩに対して慎重な態度を示しているサイトなどから学習データを取得することを避けることにするかもしれません。

確実な手段はありませんが、公開先を吟味することは、現実的かつ多少なりとも有効な手段だといえるでしょう。

QUESTION

34

画像生成AIの使用により権利を侵害されたと感じたときの相談先を教えてください。

Ⓐ 知的財産およびAIなどの先進的な分野に強い弁護士・法律事務所が最適な相談先です。

最適な相談先は、著作権などの**知的財産分野に強い弁護士・法律事務所**です。著作権については弁護士のほかに**弁理士**＊2も専門家なのですが、権利侵害という紛争の場面では弁護士への相談が最も適しています。

重要なのは、**弁護士であれば誰でもよいというわけではなく、著作権などの知的財産の分野に強い弁護士を相談先とすること**です。著作権法は法律の分野のなかでも特殊性が強く、司法試験の必須科目でもないので、すべての弁護士が十分な専門知識を有しているわけではないためです。加えて、AIイラストの問題は著作権法の分野でも先進的な問題ですから、可能であれば**AIなどの技術分野に強い弁護士**を探すとよいでしょう。心当たりがない場合は、**ひまわりサーチ**＊3が有用です。日弁連提供の弁護士検索サービスで、す

＊2
弁理士
知的財産権に関する業務を行う国家資格者。特許や商標などの申請代行などを行う。

＊3
https://www.bengoshikai.jp/

べての弁護士が登録しているわけではありませんが、重点取扱分野を絞って弁護士を探せます。まずはお住まいの地域を選択し、「著作権」や「IT関連紛争」の重点取扱分野の弁護士を探してみるとよいでしょう。地域によっては該当者がほとんどいないケースもありますが、その場合は最も近い大都市圏（関東であれば東京、関西であれば大阪、九州であれば福岡など）で探してみるとよいと思います。最近は遠方であってもウェブ通話などで相談や打ち合わせに対応する弁護士も増えていますから、気軽に問い合わせてみてください。

画像生成AIに関連する権利侵害の問題って、弁護士という法律の専門家であっても意見が分かれているようなので、見つけた弁護士や法律事務所がコラムやSNSなどで情報発信をしているなら、自分と意見が近いかどうか確認してみるとよさそうですね。

なお、専業ないし副業として、個人事業主の立場でイラストレーターの仕事をしている人の場合は、各都道府県に設置されている**知財《ちざい》総合《そうごう》支援《しえん》窓口《まどぐち》の無料相談***4を受けられる可能性があります。知財総合支援窓口は、著作権や特許などの知財分野に関する中小企業の相談を扱う公的な相談窓口です。専門家として知財分野に強い弁護士や弁理士が登録していますから、適切なアドバイスを受けられるはずです。

*4 https://chizai-portal.inpit.go.jp/

QUESTION

35

i2iの出力で、他人のイラストを入力したのではないかと思える例があります。指摘して偶然だと主張された場合、どう対処すればよいでしょうか?

Ⓐ そのイラストが入力と思われる著作物と類似性があるのか検討するのが先決です。

AIによって生成された画像が著作権侵害となるのは、生成画像が他人の著作物と類似性と依拠性を有する場合のみです。単に他人の著作物をi2iに入力したという事実のみで、著作権侵害になるとの解釈は有力とはいえません。

そのため、法的な視点からいうと、「あなたは他人のイラストをi2iに使っている」と主張するよりも先に、**生成された画像がその作品と類似性があるのかどうかを検討する**必要があります。

類似性が認められる場合には、依拠性の要件をクリアするうえで、ｉ２ｉに自分の作品が使われたかどうかが問題となります。ただ、**入力に使われたと思われる画像と生成画像が高度に類似している場合**には「作品に依拠せずにこれほど似た画像ができるはずがない」として**依拠性が肯定される可能性**があります。また、学習データとして自分の作品が使われていれば依拠性は認められるとの見解もあり、こうした立場に立つ場合は、相手方が使用したＡＩモデルの学習データセットに自分の作品が含まれていると立証することで依拠性の要件をクリアすることもできるでしょう。

注意点として、裁判上は**類似性と依拠性は著作権を侵害されたと主張する作者の側に立証責任があります**。ただ、画像の類似性が認められる場合には、訴訟手続きのなかで「これほど似た画像が生成されるのは偶然とは考えがたいから、制作過程を明らかにするよう求める」として、相手方に画像生成の方法について説明や証拠提出を求められるケースもあるでしょう。

QUESTION

36

フリーランスや趣味で活動しているイラストレーターは法的に責任を問えそうな被害に遭っても件数が多ければ対応しきれません。どうすればよいでしょうか？

Ⓐ 同様の被害を受けたイラストレーターで協力して法的措置を講じることが考えられます。場合によっては刑事告訴も有効です。

ＡＩを用いた著作権侵害に対しては、ここまでで述べた要件を満たすかぎり、**侵害行為の差し止めや損害賠償請求**が可能です。また、著作権侵害は、被害者が**告訴すれば刑事罰の対象**ともなります。とはいえ、法的措置を講じるためには時間や労力がかかりますし、弁護士などの専門家に依頼すれば少なくない費用がかかります。これは専業のイラストレーターにとってももちろん大変ですし、趣味でイラストを制作・公開している人にとっては、ますます大きな負担といえるでしょう。

この場合、泣き寝入りせずに法的措置を講じるためには、**同種の被害を受けたイラストレーターと協働する**ことが考えられます。たとえば、ＡＩ生成により制作したイラスト集を販売したり、インターネット上に公開したりしている人物がいるとして、その人物の被害を受けたイラストレーターが複数いる場合、被害者で連絡を取り合って共同戦線を張ることを検討してもよいかもしれません。一人ひとりが単独で弁護士に依頼するよりも、複数人のグループで依頼したほうが、一人当たりの費用負担を抑えられる可能性があります。権利侵害者に対しても複数人からの集団提訴であれば賠償額が高額になるため、より強いプレッシャーをかけることが可能です。

また、自分の作品の著作権を侵害している人間が複数いる場合、その全員に対して法的措置を講じるのではなく、**特定の一人に絞って対応することが有効なケース**もあります。一人に対する提訴による一種の「見せしめ」的な効果で、ほかの人間がそれ以上の侵害行為を控えるようになるかもしれませんし、一人から勝訴判決をとれば、ほかの権利侵害者との交渉も有利に進められる可能性があります。

さらに、著作権侵害は刑事罰の対象となる犯罪行為ですから、警察に被害届の提出や告訴を行うことも検討してよいでしょう。警察がどこまで動いてくれるかは事案の悪質さにもよりますが、権利侵害者の逮捕や起訴につながれば、ほかの者への抑止効果も非常に大きいといえます。

QUESTION

37

納品されたイラストがAI生成かどうか確認する方法はありますか？

Ⓐ 技術的にはやや困難です。法的観点からは受注者に誓約書を提出してもらうことが検討に値します。

現在は、**その画像がＡＩ生成かどうかを判定するＡＩ**が存在します。そのため一定程度は機械的に見抜くことができるのですが、ＡＩ生成の画像に人間が手を加えた場合などは見抜くことが難しくなります。Ｑ42でもう少しくわしく説明します。

ＡＩ生成物の納品を避けたい発注者ができることは、受注者に「制作にあたってＡＩを利用していないこと」を確認する旨の**誓約書を提出してもらう**ことが検討に値するでしょう。ＡＩ生成ではないことに加え、「第三者の著作権その他の権利を侵害していないこと」についても誓約してもらうとベターです。

発注の際に取り交わす**業務委託契約書**にこの文言を入れておいても、別途誓約書として

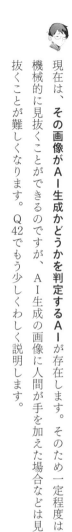

提出というかたちでもよいでしょう。こうした誓約を取り入れることで、あとからＡＩ生成画像であることが判明した場合に、契約上の責任を追及することが可能となります。

こういった誓約は、フォトバッシュが出たときから契約に盛り込まれていることがほとんどなので、最近活動しているイラストレーターの方なら違和感は少ないと思います。

気になるのは「**ＡＩを使わずに描いたのにＡＩ認定されて会社に損害が出た場合**」などです。**ＡＩでないことの証明**には、途中経過をどの程度残しておけば裁判で有効なのでしょうか。

他人の作品に対して第三者がＡＩを使っていると主張して、作者の方を「ＡＩ堕ち」と揶揄するようなトラブルはすでに起こり始めていますね。ＡＩでないことの証明は難しそうだと思うのですが……。

クライアント企業から「ＡＩを使用しないと誓約したのにＡＩを使用している。そのせいで当社に損害が生じた」として賠償請求された場合、**ＡＩを使用していることをクライアント企業が立証する責任を負います。**そのため、単なるいいがかりのレベルなのであれば、クライアント企業の請求が認められることはありません。

問題は、クライアント企業のいいぶんにそれなりの根拠がある場合です。たとえば、既存の他人のイラストの構図などと顕著な類似性がある場合などは、訴えられたイラストレーターの側が**ある程度の証拠を出して反証する必要**が出てくるでしょう。その場合、「手描きでなければ残すことのできない制作の途中経過のデータ」が有効な証拠となります。たとえば**ラフスケッチ**や**レイヤー分けされた画像データ**などです。

ただ、ＡＩ技術の進展によってはこうした制作途中のデータもかんたんに精度よく生成できるようになる可能性もあり、そうなった場合はこれらのデータだけでは反証として十分でないと評価されることもありえます。場合によっては、実際の制作画面を、制作に使用しているものとは別のデバイスで**手もととディスプレイが写る**ようにして、全工程でないにしても、**動画として記録しておく**といった対応が必要になるかもしれません。

それが安全かもしれませんね。でも、制作場面を撮影することも、そのデータを保存しておくことも、手間とお金がかかるので誰でもすぐできる手段とはいいがたいですね……このあたりは、技術の進歩やガイドラインの整備などに期待したいところです。

QUESTION

38

画像生成AIによる出力が意図せず他者の作品と酷似したものになってしまい、作品の作者から指摘を受けました。どうすればよいでしょうか？

Ⓐ 当該作品の公開を速やかに停止し、著作権者に対して著作権侵害の意図がなかったことを説明すべきです。

ＡＩ生成画像が他人の著作物と類似している場合、**著作権侵害が成立する可能性があります。**ただし、依拠性の判断は法解釈によって変わってくるでしょう。

たとえば、類似した画像を生成する意図がなかったとき、依拠性が欠けるとして著作権侵害の成立が否定される可能性があります。その一方で、似せる意図がなかったとしても、学習データにその作品が含まれている場合には依拠性が認められるとの見解もありえます。この見解に立つ場合、似せる意図の有無は問題とされない可能性があります。

原則として、「酷似」といえるほど類似性の高い画像を生成してしまい、権利者から指摘されたときは、**当該イラストの公開を速やかに停止**する措置を講じるのが得策です。そのうえで、権利者に対して画像生成の際に著作権を侵害する意図はなかったことを説明して、話し合いを行います。

説明に納得してもらえない場合は、次の二点の法的理解を前提に、**相手方から裁判などを起こされるリスク**も考慮しつつ、交渉を進めていくことになるでしょう。

・AI利用の際に、他人の著作物の存在自体をまったく認識していなかった場合、故意・過失はないと判断される余地があります。この場合、仮に著作権侵害が成立したとしても、故意や過失がなければ損害賠償責任を負うことはありません。

・そのAIイラストの販売などで収益が発生している場合には、権利者から不当利得として収益分を支払うよう求められる可能性があります。故意・過失がなくても不当利得は支払いが必要になりますが、著作権侵害の認識がなかった場合は、現に残っている利益分だけを返還すれば足りるとされています。

話し合いの際は、弁護士などの専門家に相談して対応を決めることをおすすめします。

QUESTION

39

AIイラストをコンペやコンテストに出品・応募することはできますか?

Ⓐ 応募条件次第です。場合によっては採用・受賞が取り消される可能性があるほか、偽計業務妨害や詐欺などの民事・刑事上の責任が発生するおそれもあります。

ＡＩイラストをコンペやコンテストに出品することが許されるかどうかは、そのコンペやコンテストの応募条件によって決まります。当然ながら、ＡＩ生成画像の出品が応募条件で許容されていれば、まったく問題はありません。

文学賞ですけど、たとえば星新一賞は、応募規定で「人間以外（人工知能など）の応募作品も受けつけます」と明示していますよね[*5]。

はい、そういうコンテストであれば問題ありません。一方、「ＡＩ作品の出品禁止」など

＊5 第十一回日経「星新一賞」公式ウェブサイト応募規定を参照。https://hoshiaward.nikkei.co.jp/#overview

の条件が示されている場合に、ＡＩを用いたことを隠して出品する行為は、発覚した場合に**採用や受賞が取り消される**だけでなく、**法的責任を発生させる可能性**があります。

応募条件を満たさないことを知りながら、そのことを隠してＡＩ生成画像を出品する行為は、**偽計業務妨害罪が成立する可能性**があります。また、コンテストで受賞して賞金を受け取ったり、コンペで選ばれて対価を得たりした場合には、**詐欺罪が成立することも考えられます**し、**民事上の不法行為責任や債務不履行責任**を問われるおそれもあります。

こうした行為を行う人からは「ＡＩアートの可能性について議論のきっかけにするつもりだった」といった主張が出されることがありますが、少なくとも通常の法的理解からすれば、そうした意図があったとしても**違法性が否定されることはありません**。せいぜい動機に酌量の余地があるとして、量刑や損害賠償の額を決める際に考慮される程度でしょう。禁止されているのにＡＩイラストをコンペなどに出品する行為は控えるべきです。

画像生成ＡＩがますます拡大していけば、コンペやコンテストの主催者も、応募条件でＡＩの取り扱いについて明示するようになるはずです。しかし過渡期である現在は、応募条件のなかでＡＩを使った作品の禁止・許容につき明示されていないケースもまだまだ多いでしょう。この場合、「禁止されていないから出してもいい」と判断するかどうかはモラルの問題でもあるでしょうが、おすすめはできません。**出品前に主催者に問い合わせて確認するのがよい**と思います。

QUESTION

40

発注を受けてAIイラストを制作・納品する場合の注意点を教えてください。

Ⓐ AI利用の可否、およびその程度について取り決めをしておくことが重要です。免責事項も決めておいたほうがよいでしょう。

ＡＩを利用して制作されるイラストは、法的な面でイラストレーターが制作するイラストと大きく異なる部分があります。それは、**AIを利用して制作されたイラストは著作権が発生しない可能性がある**という点です。

したがって、この点に関して発注者とのあいだでトラブルが起きないよう、**受注時に「制作にAIを利用すること」の了解を得ておく必要**があります。ＡＩが生成した画像をそのまま納品するのか、あるいは生成した画像に対して受注者側で加筆修正を行うのかといった点も、取り決めておくことが望ましいでしょう。

また、もとがＡＩ生成画像の場合には、受注者が加筆修正を加えたとしても、その内容や程度によっては著作権が発生しないと判断されるリスクがあります。そのため受注者としては、契約時に**「万一成果物について著作権が発生しなかったとしても、これにより生じた損害について受注者は責任を負わない」旨の免責条項も合意しておくとよい**です。

なお、ＡＩ生成であることを隠してイラスト制作を請け負ったり納品したりする行為は、発注者に対する**債務不履行や不法行為などの民事上の責任を発生させる**ほか、**詐欺罪などの刑事罰の対象にも該当しうる行為**ですから、絶対にすべきではありません。

QUESTION

41

イラストサイトやSNSにAIイラストが大量に投稿されることにより、人間の描く作品がユーザーの目に触れる機会自体が減少しています。対処法はありますか？

Ⓐ ウェブサイト側での適切なゾーニングやタグ管理などが求められるところです。

ＡＩによる画像生成は、人間によるイラストの制作とは比べものにならないスピードを実現可能です。そのため、同一の発表の場をＡＩイラストと人間のイラストの双方に区別なく開放した場合、**クオリティではなく単純な物量という点で人間側が圧倒される**ことになるでしょう。こうした事態は、従来どおりの方法でイラスト制作を行いたいイラストレーターと、ＡＩではなく人間が描いたイラストを鑑賞したユーザーにとって、望ましい状態とはいえません。そのため、ウェブサイトやＳＮＳの運営側で**適切なゾーニングやタグの管理**を行い、**住み分けができるようにする**ことが望まれます。

適切なゾーニングなどを行うプラットフォームを選んで作品の発表の場とすることは、今後大切になってくると思います。アップした画像がＡＩ生成かどうかを判別してくれるサイトや、タグ荒らしなどの規約違反に対して迅速・厳重な対応をしてくれるサイトなど、これまでとは違う観点から自分の作品の公開先を吟味することが必要になりそうです。

絵描きの多くは、「たくさん見られること」を重要視しているので、ほとんどは人が多いサイトを利用すると思います。正直、「ＡＩ画像を投稿できない」というメリットだけで、**後発のプラットフォームに人が流入するとは思えない**です。ですから、個人的には、**「人間が描いている」ということをわかりやすく伝えていく**しかないのではと感じています。

そうですね。完成品のイラスト単体の公開ではなく、制作過程を動画やタイムラプスの形式でユーザーに公開するなど、「人間が描いている」という点をアピールポイントの一つとして積極的に利用する、見せかたの工夫も重要になってくると思います。

あとは、おおっぴらにおすすめすることではありませんが、**ファンアートはAIだと正確に描くことが難しい**ので、好きなキャラをきちんと描くことも有効だと思います。もちろんファンアートは、権利元のルールに則って行うのが大前提です。

QUESTION

42

画像生成AIの発達に伴って、ディープフェイクの問題が大きくなってきました。ディープフェイクの判別は可能なのでしょうか？

Ⓐ 画像生成AIで生成された画像かどうかを判別するAIにより、ある程度は判別することが可能です。ただし、完璧に判別することはできません。

ここまではイラストの話をしてきましたが、画像生成ＡＩにおいて切っても切り離せない大きな問題の一つが、**ディープフェイク**です。実在しない事故や事件などについて、あたかも存在するかのような画像を作成するなど、**事実を誤認させ風評を流布するフェイク画像や動画**の問題ですね。

ディープフェイクという言葉は、二〇一八年ごろに登場し、当時は既存の映像に対して顔の部分を違和感なく別人にすげ替える技術全般を指していました。この当時のディープ

フェイクは、ＧＡＮをベースにしていました。

ＧＡＮベースで生成されたフォトリアルな人間の顔は、「**瞳の瞳孔が左右非対称になる」という問題**[＊6]があります。そのほかにも細かい破綻があるため、高解像度の映像であれば、人の目で判別可能な場合もあるかもしれません。ただし、このような真贋判定は、専用のＡＩで別途行うことが一般的です。

現在主流の拡散モデルベースの画像生成ＡＩの場合、まだＧＡＮのようなディープフェイクの動画をゼロから品質高く生成するには至っていませんが、逆に**静止画であれば元画像がない状態で自然なフェイク画像を生成できる**問題があります。現時点では、ディープフェイクにかぎらず「画像生成ＡＩで生成したかどうか」を判別するためのＡＩ[＊7]が開発されており、そのような判別ＡＩを用いての真贋判定が一定程度は可能です。しかし、**AI生成画像をベースに手作業で編集したものなどはこのAI判定をすり抜けてしまう**ため、完璧な方法ではありません。

法的な視点からいうと、ディープフェイクのうち、特定の個人や企業に対して不利益を及ぼすような内容のものについては、**民事上の不法行為責任**が発生するほか、偽計業務妨害罪や名誉毀損罪などにより処罰される可能性があります。
また、実在の人物の容貌を模した性的な画像や動画など、**フェイクポルノ**とよばれるも

＊6　現在の拡散モデルベースの生成AIでも、この傾向は一定程度見られる。

＊7　アメリカのHive社のAI判定システムなど。

のも今後問題が増加していくのではないかと思われます。これについては**肖像権侵害などを理由とする不法行為責任**や**名誉毀損罪などの刑事責任**が科される可能性があります。

なお、ＡＩによる画像生成技術を用いて、**児童ポルノのような外観を有する画像を生成することも問題視**されています。これについては、現時点での児童ポルノ規制の法制度上、コンピュータグラフィックスなどで作られた実在しない児童の画像については、児童ポルノの規制対象外となっています。しかし今後の技術の進展や世論の動向によっては、こうしたものにも法改正により規制が及ぶようになる可能性があります。

QUESTION

43

生成AIはクリエイターの著作物がなければ成立しません。クリエイターに対する還元が必要ではありませんか？

Ⓐ 利益還元のしくみが作られることは望ましいですが、利益還元の方法にはさまざまな課題があります。

ＡＩに学習させるための著作物の利用は適法ですが、生成ＡＩはリコメンド機能などに利用されている機械学習システムと違って、出力が学習データの著作者の利益などを直接的に損なう可能性があります。現状として、クリエイター側は自分の作品をＡＩ学習に利用される立場を甘受したうえで、それによって発展したＡＩ技術に**自分たちの職域を侵される可能性**を抱えています。これは明らかに不均衡な状態ですから、ＡＩによる画像生成が生み出す利益を適切なかたちで還元するしくみの整備が求められるところです。

しかし、利益還元のしくみを作るには、さまざまな問題点があることも事実です。第一に、**各クリエイターに還元する利益の額をどのように算定すべきか**、という問題があります。学習データに含まれる画像の点数だけで機械的に算定するとすれば、一枚一枚を丁寧に仕上げる人よりも、クオリティ度外視で大量の画像を投稿する人のほうが多くの利益を受け取ることになり、不公平感が生まれるかもしれません。かといってクオリティという抽象的な尺度で、誰もが納得する利益配分の比率を決めることも困難でしょう。

また、学習に使用されている画像の枚数は往々にして膨大であるため、仮に金銭という形で還元されたとしても**非常に少額**であることが考えられます。

さらに、**利益還元の方法**も問題となります。学習データとして利用された作品の作者は国境を越えて世界中に膨大な人数存在するので、その一人ひとりに対して個別に送金などを行うことは、現実的ではありません。

mimicなどのように、作者自身が学習データの提供を行い、その画風に特化したＡＩモデルを作るというしくみであれば、利益還元は比較的かんたんでしょう。還元すべき利益の算定はその作者のモデルが利用された回数などを基準とすればよいですし、作者への送金に必要な振込先口座の届出なども容易だからです。

一方で、現時点で主流となっているMidjourneyのようなＡＩサービスについては、前述のような問題点があることから**利益還元のしくみを作るのは難しい**と考えられます。一つのアイデアとしては、**クリエイター全般の利益を代表する職能団体のようなものを設立**し、**ＡＩの開発や運用を行う企業からその団体に対して補償金のようなかたちで利益を還流させるしくみ**が考えられます。職能団体が還流された利益をクリエイター全体の福利

厚生のために使えば、概念的にはクリエイターへの利益還元が行われていると評価できます。ただし、こうした職能団体の設立が現実的に可能か、個々のクリエイターに不満の出ないかたちで利益還元ができるかなど、やはり問題は多いでしょう。

正直なところ、個々人に還元されるのは無理だろうと感じているので、個人的にはあまり期待していません。職能団体から個人に還元というかたちは、ほかの業界を見ていても課題が多いと感じますし、構造が複雑化している生成ＡＩにおける還元は、より難しいのではないでしょうか。

どちらかというと、僕個人としては、**ＡＩの絵柄を誰が見てもＡＩが描いたと判断できるように画一化してほしい**です。固有名詞を入れたプロンプトや、特定の個人の絵柄を狙い撃ちしたＬｏＲＡなどが許容されていると、いくら新規性のある作品を努力して作っても稼ぐことができなくなります。

もちろん、「ＡＩの絵柄」をどう規定して固定するのかという問題があるので、あまり現実的ではないかもしれませんが……「ベースとしてのＡＩイラスト」が固定されて、絵描きはそこに付加価値をつけていけるようになれば、ＡＩは絵描きにとっても道具として使えるものになるのではないかと思います。

CHAPTER

5

画像生成AIの課題と未来

Chapter 5では、これまでの議論をふまえて、画像生成AIの望ましい発展方向について議論します。

［解説するおもな内容］

- 人間のイラストとAIのイラストの違い
- 画像生成AI開発の現状と課題
- 画像生成AIの理想的な在りかたとは

QUESTION

44–50

QUESTION

44

人間のイラストとＡＩ生成画像とのあいだには、どのような違いがあると思いますか？

Ⓐ 意図の有無が最大の違いだと感じます。

絵描きが絵を描くときは、「こんな絵にしよう」というゴールを決めて、それに対する資料を集めたり、見せたい部分がわかりやすいように配置を行ったりします。**その場その場でなんとなく描いているわけではなく、意図がある**わけです。仕事として絵を描いている人は、たいてい「その絵はどんな意図をもって描いたのか」を訊かれたとき、その説明ができるはずです。これは他人の絵に対しても同様で、「きっとこんな意図をもって描いたんだろうな」と自然と類推することが多々あります。

一般のＡＩ利用者の多くは、そのあたりの文法を知らないことが多く、「なんとなく良いか悪いか」という判断に止まっているように見えます。また、編集も難しいため調整ができず、伝えたいものがぼんやりしがちです。Ｑ19の創作的寄与の文脈で「創作物をコントロールして意図が反映できているかどうか」という話題が出ましたが、やはりＡＩを漫然と使っているだけではこの部分が弱いと思います。

たとえば、学習データの豊富な「胸などを強調する絵」もしくは「バストアップの絵」などはすぐにそれっぽいものが出ますが、ストーリー性を感じさせることが重要な戦闘シーンやキスシーンなどは途端に歪になります。画像生成ＡＩは、ディテールが細かくリッチな表現が得意ですが、**「そのイラストでなにかを伝える」ことはほとんどできない**と感じています。あと、単純に、**いままで描かれることが少なかった題材や構図に対してのクオリティが低い**です。

あと、**「当たり前」を反映できるかどうか、**も違いの一つだと思います。**ＡＩは、人間が自然と理解しているルールをまったく理解していません。**人体や三次元空間を理解できていないので、たとえば指の本数を間違えたり、ありえない構造を描いたりしてしまいます。

現在の拡散モデルベースの画像生成ＡＩは、「よくわからないところをそれっぽいもので埋める」ことが得意です。しかし、その「それっぽい処理」が人体のパーツなどの私たちがよく知っていて正解が存在するものに適用されると、非常に気になることになってしまうのです。学習データに人間が気にするポイントを示しておき、そのポイントも含めて効果的に学習するＡＩが登場すると、こういった差異は減っていくかもしれません。

こういった差異や特徴を認識したうえで、いまの画像生成ＡＩを人間の創作に役立てようとするなら、**制御不能である点をうまく活かす方向になる**と思います。制御不能という特徴は、ＡＩ単体でイラストを完成させようとすると、さっき触れたとおり「意図が反映できない」というデメリットになってしまいます。でも、人間が創作の補助として使うなら、**「自分では思いつかない着想を得る」「ブラッシュアップの壁打ち相手にする」などの活用方法**が考えられます。

　絵描きの作業って、たいていは最初から最後まで一人でやるものです。イラストの発表まで誰かに相談できないことがほとんどなので、イラストそのもののクオリティはそこまで高くなくていいから、自分の考えもしなかった要素を素早く大量に出してくれるとありがたいです。たとえば髪型とかですね。

　別の方向性として、僕個人としては、今後はより**制御可能なツールとして発展する可能性**に期待しているところです。

　ほとんどの絵描きは、モチーフに得意不得意があると思います。それによって表現の幅に制限が出てしまうので、**ＡＩが多種多様なものを望む角度で出力してくれるなら、大きな助けになる**と思います。こういった制御が可能になれば、ＡＩはイラストレーターにとって「便利な道具」になっていくのではないでしょうか。

QUESTION

45

AIを試してみたいイラストレーターは、どんなことに気をつけて始めてみたらよいでしょうか？

Ⓐ ローカル環境でStable Diffusionを触ってみるとよいと思います。

僕は画像生成ＡＩを創作に役立てられないか試している最中ですし、それを公言しています。でも、いまは画像生成ＡＩに関する**明確なルールが策定されていない無法状態に近い**ので、周りの方の嫌感情がとても高いです。興味がある場合も、あまり公言しないほうがいいと思います。

僕が使用を公言しているのは、遅筆なのと、技術一辺倒のイラストレーターだからです。今後ＡＩがごく当たり前の技術となる可能性はあるので、当たり前になるより先に自分の絵に活かせるかどうか触って試しておきたいのですが、コソ練するほどの余裕はありません。ですから、必要に迫られて使っていることを公言しています。

でも、イラストレーターは人気商売です。ちょっと気になっている程度であれば、危険を冒してまで「使用している」「使用してみたい」と発信するのはおすすめしません。

ただ、今後の展開次第では、完全に無視することはできなくなる可能性もあります。軽く触っておきたいという方は、まずは**ローカル環境で試してみる**のがよいかと思います。僕もまだ試している最中なので断言できませんが、執筆時点においては、**Stable Diffusionが一番多機能で有用**だと思います。

Stable Diffusionが有用だと思うポイントはどこですか？

まず、**i2iがあること**です。少なくとも僕の場合は、いまのところテキストからの画像生成が創作の役に立った試しがないので、ｉ２ｉがあることは必須です。それから、**解説が一番多い**点も重要だと思いますし、生成していることが周囲からわからない点も、まずは触ってみるという目的には向いていると思います。

ｉ２ｉはアイデアスケッチをある程度まで仕上がっているイラストにもっていけるので、自分にはないアイデア出しに使えます。テクスチャにも使えるようですが、このあたりの機能は弱いので試せていません。Midjounyはテクスチャにも使えるようですが、**生成物が特定のイラストレーターに寄りすぎることがある**ので、怖くて使っていません。

あと、話は少し変わりますが、**仕事で使うことは、公言するしないに関わらずやめておいたほうがよい**と思います。僕も仕事では使っていませんし、この本のイラストにも、アイデア出し含めて画像生成ＡＩはいっさい使っていません。

納品先となる企業も、まだＡＩ関連のルールが定まっていないところが多いと思います。それに弁護士の谷さんが繰り返しおっしゃっているように、ＡＩ生成画像には原則として著作権が発生しない、自力で手を加えたとしてもどの程度の変更を行えば著作権が認められるか判断するのが難しい、という問題があります。トラブルを避けるためにも、当分は仕事での使用は避けたほうがよいでしょう。

QUESTION

46

日本発の画像生成AIサービスに世界的にメジャーなものはないように感じます。なぜおくれをとっているのでしょうか？

Ⓐ 人材と予算が足りていないためです。

画像生成ＡＩにかぎらず、ＡＩの技術開発全般でおくれをとっているのは、それができる**人材が少ない点が大きな原因**です。二〇一九年の調査ですが、世界の高度ＡＩ人材について調査したレポート＊1があります。これを見るとわかるのですが、**高度ＡＩ人材の約半数はアメリカにいて、日本人は三％程度しかいません。**

なぜこんなことになっているかというと、**日本の大学がAIやコンピュータサイエンスを学べる学生の定員を増やさなかった**ことが理由の一つでしょう。もちろん、教育だけが問題なのではありません。昨今の生成ＡＩに関していうと、**学習のために巨大な計算資源を躊躇なく使えるかというのも大きなファクター**です。たとえばStable Diffusionでは、

＊1 https://asia.nikkei.com/Business/Technology/Asia-s-AI-talent-pool-broadens-except-in-Japan

一回の学習に対して、計算機のコストが六〇万ドルかかったといわれています。

六〇万ドルって、一ドル一五〇円とすると九〇〇〇万円くらいですか。

さらにいえば、ＡＩの研究開発において、一度の学習の試行でいきなりうまくいくことはありません。つまり、成功した六〇万ドルの学習を達成するためには、**少なく見積もってもその一〇倍以上のコストがかかっている**と思われます。

計算機のコストだけで、日本円にして最低で約九億円かかっていることが予想されるわけですが、そのうえうまくいく保証がない、うまくいったとしてビジネスになる確証もない、という状態で開発が進められたということです。このような技術に対して、日本の企業の場合、**リスクをとって投資することができなかった**ということかと思います。

さきほど挙げていただいたレポートを読むと、「日本のＡＩ専攻の人材の留学経験の比率が少ない」という話も出てくるようです。これは留学自体が少ないこともあると思いますが、留学した優秀な学生がアメリカなど現地の企業に就職して帰ってこない、という部分もあるのかなと思います。**ＡＩ人材を日本企業が獲得するうえで、課題となっているのはどんなことだと考えられますか？**

ウェブ関係のＩＴ企業で、日本の高度な人材獲得を困難にしている要素の一つは、**「大量のデータを抱えるプラットフォーマーの不在」**が根本的な原因の一つとして挙げられると思います。

まず、近年のＡＩ開発は「良質なデータをいかに集めるか」という部分が主要な要素の一つになっています。これをやりやすいのは巨大なプラットフォーマーです。プラットフォーマーは、権利的にクリーンなデータを規約で縛っていくらでも集めることができます。画像生成ＡＩだと、Adobeが規約でAdobe Stockを強制オプトインさせて学習したFireflyを発表したのが記憶に新しいですね。

ＧＡＦＡ《ガーファ》[*2]をはじめとするプラットフォーマーは、それらのデータを使って広くマネタイズしてきました。たとえば購買履歴を使用したおすすめの表示などは、いまではＡＩとはいわれませんが、ビッグデータと機械学習に基づいた立派なＡＩです。

二〇一〇年代のプラットフォーマーの人材獲得は、「良質で膨大なデータ」が存在することで「より優秀な研究者」をよび寄せ、「より良質な技術開発」につなげ、さらに「より優秀な研究者」をよび込むような「正のスパイラル」の構造があったのではないかと推察しています。優秀な人ほどより優秀な人と働きたい、と思う傾向があるようにも感じますしね。

ですから、少なくともウェブ関係のＩＴ企業については、「大量のデータを抱えるプラッ

*2 **ＧＡＦＡ**
アメリカの巨大ＩＴ企業、Google、Apple、Facebook、Amazon.comの四社の頭文字をとった造語。二〇二一年にFacebookはMetaに改名したが、いまでもＧＡＦＡと称されることは多い。

トフォーマーの不在」が日本の人材獲得を困難にする根本的な原因の一つではないかと思います。

あとは、単純に海外の人が日本で就労するハードルが高いとか、そのへんでしょうか。日本人の高度ＡＩ人材が少ないだけでなく、**海外から引っ張ってくることもできない**、ということです。海外の方が日本で働くメリットは、言語面でも給与水準面でも、とくにありません。日本人の最優秀層がアメリカで働くことはあっても、アメリカ人の最優秀層が日本で働くかというと、そんなことはないわけです。こういったさまざまな背景事情があって高度ＡＩ人材を十分に確保できていないことが、日本のＡＩ開発のおくれにつながっていると考えています。

QUESTION

47

画像生成AIは、今後どのような方向性で技術発展していくと考えていますか？

Ⓐ プロンプトの理解の精度が上がる方向性と、クリエイターがより制御可能になる方向性があるでしょう。

一つの方向性として、**プロンプトの精度が上がる**と思います。

いまの主流は「プロンプトから画像を生成する」という方法ですが、プロンプトを**自然《しぜん》言語《げんご》***3の入力として捉えると、まだまだ精度が低いのが現状です。とくに、**複数の物体にそれぞれ条件づけを行うことは非常に難しい**です。

現在、OpenAIがGPT-4との**マルチモーダル***4での画像認識を発表しています。新しい画像生成AIの**DALL·E 3**では、ChatGPTとの統合により、高度な自然言語理解能力で条件づけをして画像を生成することも可能になりました。

プロンプトが「呪文」ってよばれているのは、言葉として不自然だからって面もありそう

*3 **自然言語** 日本語や英語など、人間が日常的に使う言葉のこと。プログラミング言語などの人工言語と区別する必要がある文脈で用いられる。

*4 **マルチモーダル** 「テキストデータ」と「画像データ」など、種類の異なるデータを複合的に処理すること。

ですね。「白いワンピースの若い女性が海を眺めて微笑んでいる絵」みたいに、自然な言葉で生成するのが当然になれば、呪文とは呼ばれなくなるかもしれませんね。

もう一つの方向性として、**制御性能の向上**が考えられます。

現在のt2iは「ガチャ」に近く、クリエイターが狙った画像を正確に出すのは難しいという問題があります。この問題に対して、InstructPix2Pix《インストラクトピクツーピク》*5のような「プロンプトで画像を編集する」技術などが開発されています。また、i2iも制御性に対する解決方向の一つといえるでしょう。ControlNetを使えば、骨格情報や輪郭情報をもとに画像を生成できます。この場合、入力は出力をある程度制御していることになるでしょう。

これらの技術は、生成画像の品質をより制御可能にする手法です。こういった生成画像を制御する技術は、今後さらに発展すると予想しています。

僕が期待しているのは、制御が可能になる方向性ですね。制作の役に立つという観点からは、描いたものの角度を変えたり、パーツごとにレイヤーを分けたりする機能がほしいです。**描いたものに付加価値をつけたり、編集性を高くしてくれるような機能**が出てくれると嬉しいです。

*5
InstructPix2Pix
Stable diffusionの拡張機能の一つ。テキストで指示することで画像を編集できる。

QUESTION

48

それぞれの立場から、現時点の画像生成ＡＩとクリエイターの関係について意見を述べてください。

ここからは、皆さん一人ひとりからお話を聞かせてください。**まず、イラストレーターとして、画像生成ＡＩの出現をどのように捉えましたか？**

技術の大衆化がついにここまできたか、と感じました。ＡＩ技術が急速に発展していることは理解していましたが、芸術系への実装はかなり先のことになると思っていたので、まっさきに実用化されたことが意外でした。

感情論抜きにお話しするのであれば、人間と生成ＡＩの未来は、**「人の感性が今後なにをよしとするか」によって変わってくる**と思います。執筆現在、ＡＩが出力するイラストは、技術的には非常に高いクオリティをもっています。ただ、**技術はすぐに慣れて飽きられます**。そして飽きられてしまったとき、人間の力でさらに高い技術のものを短時間で作り出すのはほぼ不可能です。

イラストを鑑賞するユーザーがなにを評価するかによって、今後の絵描きの制作物は大きく変貌していくだろうと思っています。かつて写真の登場により印象派が生まれたように、**いままでとは違う評価基準が出てくる**だろうなと考えています。現状としては、Q44で話したように、「イラストという媒体を使って伝えたかったなにか」をより明確に伝えることが差別化になると思います。

現状の画像生成ＡＩに対しては、クリエイターのなかでも、法律だけでないさまざまな観点から賛成・反対・中立それぞれの立場の人がいます。でも、確実にいえるのは、どの立場の人であっても**ＡＩの下請けになりたいクリエイターはいない**ということです。「それっぽい絵をランダムに量産するシステム」ではなく、自分の創作物の幅を広げてくれるような、有用なツールとして発展していってほしいと思います。

ありがとうございます。では、**ＡＩ開発者として、画像生成ＡＩがクリエイターと共存していくためには、なにが必要だと考えていますか？**

さまざまな考えのクリエイターがいることを前提に考えると、まず達成すべきなのは、**「画像生成ＡＩを活用したいと考えているクリエイターが躊躇うことなく使用できる状態**

にする」ということです。そして この躊躇の多くは、**画像生成ＡＩが抱える倫理的な課題**から生まれています。

私は、そういった課題は**「既存の著作物が無断で使用されている学習データの問題をクリアにする」**ことで解決できると考えています。具体的には、学習データをパブリックドメインなど著作権の切れたもの、ＣＣ０などの著作権が放棄されたもの、そして許諾を得たものに限定することで、著作物を無断使用することのない画像生成ＡＩは実現可能です。

私たちが開発しているMitsua Diffusion Oneはそのような方法で実現していますが、学習画像の枚数は既存のＡＩに比べて圧倒的に少なくなるので、そのぶん性能は下がってしまいます＊6。今後は、少ない学習枚数で性能を担保するような技術開発も進める必要があるでしょう。AdobeやNVIDIA＊7もライセンスされたデータのみを学習する画像生成ＡＩの開発を進めており、少なくとも権利関係が重要なプロユースにおいては、**「ライセンスされた画像だけで学習した画像生成ＡＩ」がスタンダードになる**とも予想しています。

次に達成すべきなのは、**「クリエイターにとって便利なツールとしての画像生成ＡＩの在りかたを示すこと」**です。ライセンスの問題が解決されたとしても、現在主流の「プロンプトから画像を生成する」という処理だけでは、クリエイターが出力画像の品質を制御することが難しいため、制作フローに組み込む方はまだ少数派になると考えます。Fireflyが示しているような「ブラシを生成する」といった応用は「便利なツールとしてのありか

＊6
生成された実際の画像はXやYouTubeで確認できる。
https://twitter.com/elanmitsua
https://www.youtube.com/@elanmitsua/videos

＊7
NVIDIA
アメリカの半導体メーカー。とくにGPUで有名。

たを示す」一つの例でしょうし、今後もクリエイターにとって便利なツールとしての画像生成AIの応用例を、開発側から提示していくことが必要だと考えます。

ありがとうございます。では、**法律家として、画像生成AIがクリエイターと共存するためには、どのようなしくみが必要だと考えていますか？**

学習データとして自分の作品を使用されることに対して**クリエイターに利益還元を行うしくみ**のほか、著作権侵害となる**違法な学習行為の類型を明確化する国際的なガイドラインの策定**、AI生成画像と人間の描く作品の**適切なゾーニングのしくみ**が必要だと考えます。

　AIの技術発展は世界各国が競い合うように行っており、こうした状況においては、人間の作る作品をAIの学習データとして利用できるしくみは維持されるほかないでしょう。仮に一国の法制度でそうした学習利用を禁止したとしても、インターネットを介して世界中がつながっている[*8]以上、実効的な規制は不可能だからです。

　作品の学習データとしての利用は避けられないとして、必要になるのは、**自分の作品をAIのモデル開発のために利用されるクリエイターへの適切な利益還元のしくみ**です。

こうしたしくみを作るには、Q43で触れたようにさまざまな問題があるものの、国際的な

*8 Q4参照。

協力により実現される必要があると考えます。世界中の多くのクリエイターが一応は納得できるような利益還元のしくみが作られないかぎり、自分の大切な作品を無断利用されるクリエイターと、ＡＩユーザーや開発者とのあいだの軋轢は続くからです。

また、ＡＩの学習のための作品の利用が原則として適法だったとしても、特定の作家にのみ重大な不利益を及ぼすようなＡＩモデルの開発や運用、ＡＩ利用禁止を明示するウェブサイトからのデータ収集などは規制されるべきです。こうした**違法な行為類型**についても国際的なコンセンサスが形成され、**世界中で通用するようなガイドラインが策定される**のが望ましいと考えます。

そして、ＡＩを利用して制作される作品と、そうではない「ＡＩフリー」とよべる作品の**ゾーニングのしくみ**も、今後必要になってくるでしょう。そのためには、ＡＩ生成作品を識別する技術の発展も期待されるところです。

私見ですが、ＡＩと著作権法の問題は、まだ確たる裁判例や通説的な学説が定まっていないことが議論を難しくさせている面があるのではないかと思います。著作物の学習データとしての利用一つをとっても違法になるケースが明確になっていないため、ＳＮＳ上では「グレーゾーンだからすべきではない」「原則適法なのだからやってよい」「たとえ適法でも倫理的にすべきでない」など、議論百出の状況です。違法となるケースが具体的に特定できていないために、ＡＩ推進派と慎重派に分かれて感情的な溝が深まっているのではないかと感じます。

個人的に、共存のために最も必要なことは、**議論の前提となる法律や技術の知識を確立したうえで、世のなかの人々に浸透させること**だと考えています。著作権法に関していうと、法学の世界で一層議論が深められて、通説とよべるような考えかたが確立していけばよいと思います。

QUESTION

49

それぞれの立場から、現時点の画像生成ＡＩにおいて課題だと考えていることを教えてください。

個人的な感覚としてあるのは、画像生成ＡＩの利用を推進する側にも、それに反対する側にも、**議論の土台となる前提知識が不足している**ということです。ここでいう「知識」は、著作権法などの法律の知識だけではありません。ＡＩ分野の技術的な知識や、イラストの制作における技術的な知識、クリエイティブ業界の慣習の知識なども含んでいます。ほとんどの人は、いずれかの分野についてはあまり知らないはずです。

　こうした前提知識のないままにそれぞれが声高に意見だけを主張しあっても、建設的な議論は難しいでしょう。**各分野の知識を総合して、議論の出発点となる共通認識を作ることが、画像生成ＡＩの健全な発展のために必要だ**というのが私の意見です。

私は、**学習画像と生成物の権利的な問題**が一番大きな課題だと考えています。学習データの権利問題が解決したとして、今度は生成物の権利問題が出てきます。「生成物にはなに

があっても著作権は認められません」となると、結局プロが使うことはないかな、と。
　たとえば写真だと、何気なく撮影したスナップ写真であったとしても、撮影した人に著作権が付与されます。それと同じように、画像生成ＡＩに適当なプロンプトを打ち込んでできた生成物に著作権が認められないというのは、少し不思議な気がします。

写真も「すべてに著作権が付与される」わけではないんですけどね。たとえば、カロリー計算アプリに入れるために料理を真上からただ撮っただけの写真などは、構図やライティングなどに特段の工夫がなければ著作物とは認められない可能性は高いです。同じ目的で撮影する場合、誰が撮っても大体同じ写真になり、創作的表現とは認められないためです。ただ、おっしゃるとおり何気なく撮影したスナップ写真であっても、撮影者の個性が表れているかぎり著作権は発生しますね*9。

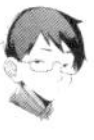

そういった**「何気なく撮った写真」には著作権があって、試行錯誤してプロンプトを練って生成した画像に創作的寄与が認められないのは納得感が薄い**ので、このあたりのガイドラインが早く出てきてほしいなと思います。生成物に関するガイドラインが出ることで、健全な補助ツールとしての画像生成ＡＩの開発も進むと思います。
　たとえば、デジタルイラスト制作ソフトとして有名なCLIP STUDIO PAINT*10には、

*9
写真の著作権についてはQ19参照。

*10
CLIP STUDIO PAINT
日本のソフトウェア会社セルシスが開発するペイントソフト。おもにイラストや漫画の制作で用いられる。略称はクリスタ。

ＡＩによる自動彩色機能がすでに実装されています。セルシスは規約上「この機能を使用したとしても著作権は使用者に付与される」としていますが、これが本当に有効なのかは、ここまでの議論を鑑みると断定できないように思います。

クリスタの自動彩色の進化版がControlNetのScribble*11やCanny*12だと思いますが、クリスタの自動彩色だとユーザーの著作物だと認められて、ControlNetのScribbleでは著作物だと認められないとするなら、その違いはなんなのでしょうか。さらに踏み込めば、ControlNetの学習データがクリーンで、自分の著作物のみを入力したＡＩならどうなるのでしょうか？

こうやって考え出すと、画像生成ＡＩの権利問題には、実にいろいろなケースがあることがわかります。現時点では「プロンプトからポン出しの生成画像」の議論に焦点が当たっていて、**「より制御可能なツールとしての画像生成ＡＩ」による生成物の著作性まで議論が回っていない**印象があります。このあたりは、Adobeなど生成ＡＩの活用に積極的な大手にうまく立ち回っていただきたいところではあります。

すみません、一つ開発者の花井さんに伺いたいことがあります。

ＡＩ技術者の方は、たいてい「ＡＩはクリエイターの助けになるもので、仕事を奪うものではありません」とおっしゃいます。でも、その**具体的なビジョンはほとんど見当たら**

*11
ControlNetの、ラフ画から画像を生成する機能。ControlNetについてはQ19を参照。

*12
Canny
画像から線画を抽出するアルゴリズムの一つ。ControlNetにおけるCannyとは、Cannyをプリプロセッサとして使用して、抽出した線画を利用して形状の一貫性を保ったまま画像生成を行うモデルのこと。

ないので、目指している将来がどんなものかよくわからない点を危惧しています。

生成画像が高品質になったという話や、学習枚数が追加されたといった話はよく聞きますが、「こんなふうに使えば現在のイラスト制作フローにおいて役に立つ」「将来的にクリエイターがこんな働きかたを実現できるよう技術開発している」といった発信を、少なくとも僕はほとんど見かけません。ですから、周囲の嫌感情や信頼を失うリスクも手伝って、ほとんどのクリエイターはＡＩについて表立って言及できないんです。

人間が描くイラストは有限で、制作には時間がかかります。画像生成ＡＩは高クオリティのそれっぽいイラストを量産できるので、**ユーザーの要求クオリティは過度に上がる**でしょう。イラストの価値自体は、**供給過剰で安くなる**だろうと予想しています。そして、画像生成ＡＩは**似たようなイラストの量産はできても新たな価値の創出はできない**ので、このままいけば**新規性のある創作物が潰されて尽きてしまうのではないか**と考えています。

個人的に、で差し支えありません。**どういった状態を指して「健全な補助ツール」とおっしゃっているのか**、ぜひお聞きしたいです。

まず、一口にクリエイターといっても、**業界によって「助けになる状態」は変わってくる**と思います。アニメーター・ゲームクリエイター・漫画家など、労働集約産業かつ過重

労働と人手不足に悩んでる業界の場合は、画像生成ＡＩの活用が労働環境の改善につなげられるのではないでしょうか。

ネットフリックスはアニメの背景画を作っていましたが[*13]、そういった最終成果物への反映でなくても、アニメの中割り[*14]などが精度よく制作できれば、かなり業務を効率化できるでしょう。週刊連載の漫画家さんなども、効率化が可能ならＡＩを歓迎する方がいらっしゃるのではないでしょうか。これを「仕事を奪う」と表現するのであれば、そうなのかもしれません。

しかし、**仕事の量が減ることで労働環境が改善する業界もある**ということは、一つの重要な要素です。**日本は少子高齢化で労働人口もどんどん減っていきますから、ＡＩによる効率化を考えるのは必然的なこと**だと思います。

その一方で、**イラストレーターの方は直接的に職分を侵されることが多く、問題が噴出している**点は重々承知しています。現段階で「健全な補助ツール」として活かすのであれば、アイデア出しが最も有益だと思います。mimicは自分のオリキャラのバリエーションをいろいろと出すことができますが、これはアイデア出しとして有用な機能だと思います。

さらに、より実践的な補助ツールとしての在りかたも出てきていると思います。一つは**ControlNetによる自動着彩**などが挙げられるでしょう。このあたりは執筆時点で制御可

*13
アメリカの企業ネットフリックスが二〇二三年一月に公開したアニメ「犬と少年」のこと。
https://www.youtube.com/watch?v=J9DpusAZV_0

*14
中割り
アニメーションにおいて、原画と原画のあいだを、自然に動いているかのようにつなぐ作業のこと。

能性が低いのが課題ですが、もっとコントロールしやすくなれば、自分の絵を学習させたＡＩに別バリエーションを出させたりできるのではと思います。

実際、mimicを開発しているラディウス・ファイブは、Co-Painterという線画とざっくりした色塗りから清書を生成するサービスをベータで開始していますが、これはまさに制御可能性の高いControlNetといえるものです。こういった機能がクリスタにのれば、有用なツールとしての可能性も広がっていくと思います。

少し話は逸れますが、Photoshop[*15]にGenerative Fill《ジェネレーティブ　フィル》[*16]が登場して思ったのは、やっぱり**UI《ユーアイ》[*17]が強いと「助けになる」イメージが湧きやすい**ということです。Photoshopを触っていると、「ＡＩは素材を作るためのものと割り切り、細かい調整はPhotoshopでやる」という思想で実装されていると感じます。フォトレタッチャーの人であれば、かなり便利に使えるのではないでしょうか。

ここまで挙げたいずれのケースも、**「誰かの仕事を奪うものではない」と明言できるものではありません**。効率化を突き詰めると雇用が失われる可能性も当然あり、それは悩ましいところです。しかし同時に、**人間の創造性を拡張するための正当な使いかたに大きなポテンシャルがあるのも事実**です。

社会としてよいバランスを求め、うまい着地点が見つかることを祈っています。その動きに貢献できるよう、今後も開発を続けていきます。

*15
Adobeの画像編集ソフト。

*16
Generative Fill
Photoshopの画像編集機能。画像内の特定のオブジェクトを削除したり、つなげたりすることを、自然に行うことができる。

*17
UI
User Interfaceの略。製品とユーザーの接点のこと。ソフトウェアの場合は、メニューの置きかた・ボタンの位置といった画面構成などを指す。

QUESTION
50
人間と画像生成AIの理想的な在りかたとして、あなたが求めることはなんですか？

個人的には、画像生成ＡＩは**人間の創造性を拡張するツール**であってほしいと思います。なにかを創る人が、「画像生成ＡＩがあったから昨日の自分には思いつかなかったアイデアを入れることができた」「画像生成ＡＩのおかげでいままで難しかった表現にチャレンジすることができた」と思えるような在りかたです。

ですから、**AIを利用した粗製濫造には反対**です。市場バランスを崩壊させかねないですし、同じような作品ばかり出てきても、そもそも見ていて面白くありません。せっかくＡＩが人間では思いつかないようなアイデアを出してくれる（ときもある）のですから、**AIのアイデアと人間のアイデアを融合させて、結果的に、いままで見たことのないものが創られるようになる**といいなと思っています。

私が考える理想的な在りかたも、**AIが人間の創造性を拡大する方向に使われること**で

す。ＡＩ生成画像によって人間のイラストレーターの作品が埋もれてしまう現状について、一九世紀初頭のラッダイト運動*19などを引き合いに出して不可避であるとする議論も見られますが、これは**イラストや絵画の産業としての側面しか見ていない考えかた**だと思います。

「絵を描く」というかたちで自分を表現する行為は、工業製品の生産とは違うはずです。そのため、今後ＡＩがどれだけ技術の進展を続けたとしても、**人間の表現者が不要になることはない**はずですし、仮にＡＩとの競争に敗れて人間の表現者が絶滅してしまうとしたらそれは**人間全体の創造性にとって大きな損失**だと考えます。大切なのは人間側がＡＩをツールとして適切に利用する技術や方法論を身につけ、それを利用して新たな創造を行うことでしょう。そのためには、「**AI技術の発展のためのデータ利用の促進**」と「**人間のクリエイターの利益保護**」のバランスをとることが大切だと私は考えます。

Ｑ49で少し例えとして使いましたが、僕は、ＡＩには**カメラのようになってほしい**と思っています。

スマホにカメラ機能が搭載されているのが当たり前になって、誰でも気軽に写真を撮れるようになりました。現代では、写真は撮ろうと思えば誰でも撮れます。でも、きちんと知識や技術のある人が撮ると、素晴らしい作品が生み出せます。さらに写真は、それ自体

*19 **ラッダイト運動**
一九世紀初頭にイギリスで起こった機械を破壊する運動のこと。産業革命に伴って発生した労働問題への抗議として行われた。

が作品になるだけでなく、たとえばフォトバッシュなどでほかの分野に活かすこともできます。

こういう「カメラのような在りかた」が、僕にとって理想的なＡＩの在りかたです。**誰でも使えるけど、知識と技術のある人が使えば素晴らしい作品を生み出せて、さらに別の活用のしかたもある**ものです。

いまの画像生成ＡＩは、編集性が低くランダム性が高いのと、ガイドラインなどがなく**悪用が目立つ点がとても残念**です。技術自体は夢のあるものだと思うので、**ぜひ長いスパンで、一番多くの方が利益を享受できるように、技術や法が整備されていくことを願っています。**

補論

著作権法の基本

ここでは、著作権法に関する基本的な説明を行います。

〔解説するおもな内容〕

▶著作物とはなにか?

▶著作権者が独占可能な利用行為とは

▶著作権侵害が成立するための要件

▶著作権の行使が制限される場面

▶著作権侵害に対する責任

▶著作者人格権とはなにか?

補論　著作権法の基本

著作物とはなにか

著作権とは、かんたんにいうと「**著作物の経済的な利用を独占できる権利**」のことです。そして、著作権が発生する対象である「著作物」は、著作権法で次のように定められています。

> 思想又は感情を創作的に表現したものであつて、文芸、学術、美術又は音楽の範囲に属するもの（著作権法二条一項一号）。

「文芸」「学術」「美術」「音楽」とは、著作物が発生するカテゴリーのうち、典型的なものを指しています。たとえば、小説や随筆であれば「文芸」、歌やＢＧＭであれば「音楽」、イラストであれば「美術」のカテゴリーに含まれます。

著作物の定義のうち、とくに重要となるのは「**思想又は感情を創作的に表現したもの**」

という部分です。これを分解すると、著作物の要件として次の二つを導くことができます。

① 人間の思想や感情を表現したものであること
② その表現に創作性があること

著作物として認められるためには、この①と②の要件を両方とも満たしている必要があります。①の要件から、**著作物は具体的な表現物でなければならない**ことがわかります。逆にいうと、表現のもとになるアイデアやコンセプトは著作物として保護されることはありません。たとえば、「新約聖書に出てくるイエス・キリストの最後の晩餐の場面を横長の構図で描いた絵であり、イエスを中心に十二人の使徒の姿が描かれている」というのは表現のもとになるコンセプトであって、表現そのものではありません。一方、このコンセプトに沿って描かれたレオナルド・ダヴィンチの『最後の晩餐』という絵は具体的な表現物であり、①の要件を満たします。

また、思想や感情の表現物であればどんなものでも著作物となるかというと、そうではありません。著作物として認められるためには、**その表現に創作性があることが必要**です（要件②）。「創作性」とは、かんたんにいうと個性やオリジナリティのことです。つまり著作物は、作者の個性が発揮された表現物でなければなりません。たとえば、ビジネスレターの時候の挨拶など定型的な表現は作者の個性が発揮されているとはいえませんから、著作物とはなりません。また、○や△など単純な図形の形状なども創作性があるとはいえず、著作物とはなりません。

一方、小さな子供が描いたラクガキのような絵であっても、オリジナリティがありさえすれば創作性の要件を満たします。著作物として認められるためには、技術的な巧拙は無関係だということです。

著作権の具体的な内容

では、著作物に対して発生する著作権とは、具体的にどんな権利なのかを見ていきましょう。最初に述べたように、著作権とは「著作物の経済的な利用を独占できる権利」のことです。たとえば、著作権をもっている人（著作権者）は**自分の著作物を複製してよいかどうか、インターネット上に公開してよいかどうか、グッズ化して販売してよいかどうか**などの決定権を独占しています。ここでいう「独占」の意味は、「**他人が勝手に自分の著作物を利用しようとした場合にはそれをやめさせることができる**」ということです。イラストレーターであれば、自分の描いたイラストを無断転載したり、それを勝手に画集として販売したりする人間に対して、差し止めや損害賠償を請求することが可能です。これは著作権者であるイラストレーターには、著作物の利用を独占可能な著作権という権利があるからです。

著作権に基づいて、著作権者が独占可能な利用行為は次のとおりです。

・複　製	著作物をコピーする。
・上演・演奏	不特定または多数の人間に向けて著作物を演じることで鑑賞させる（演劇や楽曲など）。
・上　映	著作物を公に映写して鑑賞させる（映画など）。
・公衆送信	著作物をインターネット上に公開する。
・口　述	著作物を朗読して聞かせる（小説など）。
・展　示	著作物を公に展示する（絵画、写真、彫刻など）。
・頒布・譲渡	著作物やその複製品を不特定または多数の人間に販売したり譲渡したりする。
・貸　与	著作物の複製品を不特定または多数の人間にレンタルする。
・翻訳・翻案	著作物に対して翻訳やアレンジを加えて別の著作物を作る。

イラストであれば、もとのイラストを無断でコピーしたり模写（トレース）したりする行為は複製に該当しますから、作者に無断で行えば著作権（複製権）の侵害となります。また、イラストを作者に無断でインターネット上に転載する行為は公衆送信、勝手に画集を作って販売する行為は譲渡にあたり、やはり著作権侵害となります。

著作権侵害が成立するための要件　①類似性

著作権侵害が成立するためには、次の二つの要件を両方とも満たす必要があります。

①他人の著作物の創作的表現と類似していること（**類似性**）
②他人の著作物を依拠して作られたものであること（**依拠性**）

たとえば、他人が描いたイラストをそのまま無断転載した場合、無断転載されたイラストはもとのイラストとまったく同一ですから、**類似性**の要件を満たすことは明らかです。しかし、まったく同一のイラストではなくても、次のようなケースであれば類似性の要件を満たすことになります。

・もとのイラストに別のモチーフを描き加えたイラスト
・もとのイラストの色調を変更したりエフェクトをかけたりしたイラスト
・もとのイラストを模写（トレース）したイラスト
・もとのイラストを見ながら構図、モチーフ、配色などを似せて描いたイラスト

これらのケースは、もとのイラストとまったく同一というわけではありませんが、その表現に共通性が認められるケースです。こうしたケースであっても、もとのイラストの創作的な表現と類似性が認められるかぎり、①の要件を満たすといえます。

ここで少し注意を要するのが、「**翻案**」、つまり**もとの著作物にアレンジを加える行為**です。前述のとおり、著作権にはこうした行為を禁止できる翻案権という権利も含まれています。そのため、他人の著作物に対して無断で変更を加える行為は、著作権侵害となる可能性があります。しかし、「他人の著作物を翻案した」というためには、アレンジによりできあがった作品から、**もとの著作物の表現を読み取れることが必要**です。翻案の場面でも、類似性の要件を充足する必要があるからです。つまり、他人の作品に対してアレンジを加えたとしても、その結果できあがった表現がもとの作品とまったく異なるものになった場合には翻案には該当せず、著作権侵害とはなりません。

著作権侵害が成立するための要件　②依拠性

著作権侵害が成立するためには、類似性のほかにもう一つの要件を満たす必要があります。それが**依拠性**です。「依拠」とは、かんたんにいうと「その表現物を作るために他人の著作物を利用していること」を意味します。なぜこのような要件が必要なのかというと、創作の世界では、意図せず他人の作品と似たものが生まれてしまう可能性があるからです。

たとえば、二次創作が許可されているアニメのキャラクターのファンアート（イラスト）を、ある特徴的なシーンを参考にしてAさんとBさんという二人のイラストレーターが描いたとき、お互いの作品を知らなかったとしても、似たような作品が生まれてしまう可能性があるでしょう。そのキャラクターが有名であれば数百人、あるいは数千人というイラストレーターが同じモチーフでそれぞれ独自にイラストを描く可能性があるわけですから、似た表現が生まれてしまうことは十分ありえます。このように、偶然の産物として他人の作品と似た作品を作り出してしまった人が責任を問われないようにするために設けられているのが、依拠性の要件なのです。

著作権の行使が制限される場面

類似性と依拠性という著作権侵害の要件が認められる場合、そうした行為は著作権侵害となるのが原則です。しかし、二つの要件を満たす場合であっても、例外的に権利侵害とならない場面があることを著作権法は認めています。これを「**著作権の制限**」と呼びます（著作権法二章三節五款）。ここでは、そういった著作権の制限に関する規定のなかでも、とくに問題となることが多い「**私的使用**」と「**引用**」について解説します。

まず、著作物は「**個人的に又は家庭内その他これに準ずる限られた範囲内」であれば複製することができる**とされています（著作権法三〇条一項）。また、同様の目的であれば翻訳や翻案も可能です（著作権法四七条の六 一項一号）。こういった個人または家庭内での著作物の利用のことを「私的使用」とよびます。たとえば、市販のイラスト集に収録されているイラストを自宅のプリンターを使ってコピーやスキャンをしたり、練習のために他人のイラストを模写したりする行為は私的使用の範囲内といえますから、著作権侵害とはなりません。

一方、他人の絵やイラストをSNS上にアップする行為は、たとえ非営利であったとしても私的使用とはいえません。この場合、著作物がインターネット上に公開され、不特定多数の人の目に触れることになるため、「個人的に又は家庭内その他これに準ずる限られた範囲内」といえないためです。私的使用というためには、その利用行為が行われている範囲が「家庭内」、すなわち同居の家族程度の狭い範囲であり、その面々のあいだに強い人間関係の結びつきが存在する必要があります。

　ただし、他人の著作物をインターネット上にアップロードしたり転載したりする行為であっても許されるケースがあります。それが「引用」です。引用について著作権法は「公表された著作物は、引用して利用することができる。この場合において、その引用は、公正な慣行に合致するものであり、かつ、報道、批評、研究その他の引用の目的上正当な範囲内で行なわれるものでなければならない」と規定しています（著作権法三二条）。典型例としては、他人が描いたイラストへの批評や解説のためにそれを利用するケースです。ただ、「公正な慣行に合致するものであり、かつ、報道、批評、研究その他の引用の目的上正当な範囲内」の引用というためには、一般に次の三つの要件を満たす必要があります。

①引用される著作物が他人のものであると明瞭に区別できること（**明瞭区別性**）
②自己の著作物が主であり、引用される他人の著作物が従であること（**附従性**）
③他人の著作物を利用する必然性があること（**必然性**）

　①の**明瞭《めいりょう》区別性《くべつせい》**は、たとえば文章であれば引用符をつけたり、括弧や枠線でくくって地の文と区別したりすることが必要です。イラストや絵を引用する場合も、枠線などで囲ったり、あるいは文章で他人の作品であるとの注意書きや出典を明記したりすること

で、明瞭区別性を充足することが必要になります。

②の**附従性**《ふじゅうせい》の要件を満たすためには、引用を行う側の著作物が主体であることが必要です。たとえば、解説のために他人のイラストを引用するケースであれば、解説文の内容や分量に照らしてイラストよりもそちらが主体であると評価できなければなりません。他人のイラストを多数掲載して各イラストにつき一言解説文を載せている、といった程度では、解説文のほうが主体とはいえないため附従性の要件を満たさないでしょう。

③の**必然性**《ひつぜんせい》の要件で問題となるのは、ほかの著作物ではなくその著作物を引用しなければならないかどうかということです。たとえば、あるイラストレーターの表現技法を解説する書籍のなかで、そのイラストレーターの作品を引用するというケースであれば、必然性の要件は満たされます。書籍に書かれている表現技法の解説を読者に理解してもらうためには、そのイラストがどんなものかを併せて掲載するのが有益だからです。もちろん、この場合であっても、引用は解説の目的を達するうえで必要最小限の枚数・サイズ・解像度にする必要があるでしょう。解説の目的を超えて必要のないほど大量のイラストを高解像度で掲載した場合には、必然性の要件のほか、附従性の要件にも引っかかって引用が否定される可能性があります。

一方、自分のウェブサイトの見映えをよくするために他人が撮影した風景写真を掲載する場合は、そもそも必然性の要件が欠けることになります。ウェブサイトの見映えをよくするためには、必ずしもその写真でなければならない理由がないからです。したがって、こうしたケースではたとえ出典をきちんと明記し、掲載する写真の分量がサイト全体と比較して少なかったとしても引用の要件を満たさず、無断転載として著作権侵害となります。

このように、著作権法には著作権の制限規定がいくつか設けられています。画像生成AIに関する論点の一つとなる学習を適法化する著作権法三〇条の四も、こうした制限規定の一つに位置づけられます。その内容に関しては、本編でくわしく解説しています。

著作権侵害に対する責任の具体的内容

著作権侵害の要件を満たす行為が行われた場合、そうした行為を行った人間には法的な責任が発生します。責任の種類は「**民事責任**」と「**刑事責任**」に大別されます。また、民事責任は「**差し止め**」と「**損害賠償**」の二種類が主なものです。

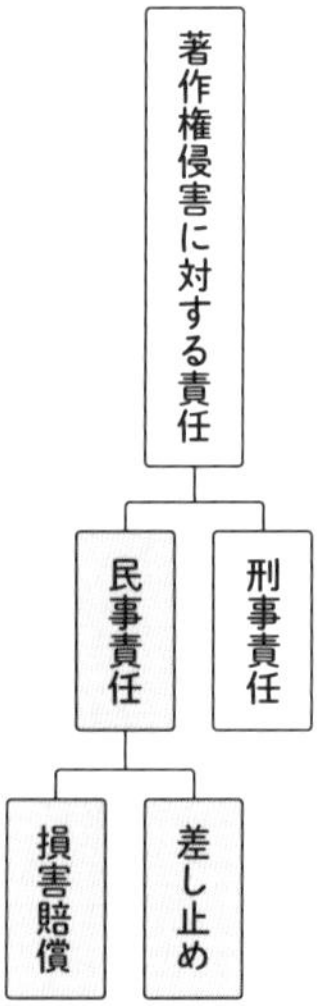

民事責任とは、著作権者と侵害行為を行った加害者との間で発生する**私人間の責任**のことです。著作権者は民事責任の追及として、加害者に対して侵害行為の**差**《さ》**し止**《と》**め**を請求することができます（著作権法一一二条）。たとえば、イラストが無断でSNS上にアップされてしまった場合であれば、その投稿の削除を求めることが可能です。それに加えて、著作権者は加害者に対して、自分の著作物の無断利用により生じた**損害賠償を求める**ことができます（民法七九条）。イラストの無断転載の場合、加害者が無断使用により得た利益の額や、掲載許可を与える場合に通常であれば支払わせる使用料相当額などが賠償額になるケースが多いでしょう。損害賠償請求は差し止めと一緒にすることもできますし、差し止め請求だけ、あるいは損害賠償請求だけをすることも可能です。

著作権侵害は、民事責任だけでなく**刑事罰**の対象ともなります。つまり著作権侵害は**犯罪にも該当する**ということです。刑事罰の法定刑は一〇年以下の懲役または一〇〇〇万円以下の罰金であり、事案によってはその二つが併科（懲役＋罰金）されることもあります（著作権法一一九条一項）。なお、法人の代表者や従業員等が著作権侵害を行った場合、その法人にも三億円以下の罰金刑が科されます（著作権法一二四条一項一号）。

著作権侵害は、原則として告訴がなければ起訴されることがない、いわゆる**親告罪**《しんこくざい》ですが（著作権法一二三条一項）、対価を得る目的で有償販売などがされている著作物を、そのまま不特定または多数の人間に譲渡したりインターネット上にアップロードしたりする行為については、告訴がなくても起訴が可能となっています（同条二項）。

なお、「著作権侵害は親告罪なので著作権者が告訴しないかぎり適法である」という言説も見られますが、これは不正確な理解です。**親告罪はあくまでも無断での著作権利用行為は違法性があるが「告訴がなければ起訴されない」だけ**ですから著作権者が告訴していなくとも**無断での著作権利用行為は違法性がある**と評価できます。著作権者が告訴をしない理由はさまざまですが、「違法なものをお目こぼしされている」状況と理解するのが正確です。もちろん著作権者が公式に著作物の利用や二次創作についてガイドラインを出していたりするケースは、著作物の利用につき許可があるのと同視できますから適法と評価できます。

作者の作品に対する「思い入れ」を守る著作者人格権

著作物には、著作権とは別に**著作者人格権**と呼ばれる権利も発生します。著作権が著作物の経済的な利用に関する権利であるのに対し、著作者人格権は著作物を創作した作者（著作者）の作品に対する人格的利益——すなわち「思い入れ」を保護するための権利と位置づけることができます。

著作者人格権の具体的な中身は、次の四つに分類することができます。

①	**公　表　権**	未発表の著作物を公表するかどうか決定できる権利
②	**氏名表示権**	著作物に名前を表示するよう要求できる権利
③	**同一性保持権**	著作物について意に沿わない改変を受けない権利
④	**名誉声望保持権**	名誉や声望を害する著作物の利用行為を禁止できる権利

①、②、③については具体例を挙げてみましょう。イラストレーターのAさんが発表前の新作イラストを友人のBさんに見せたところ、Bさんが無断でインターネット上にアップロードしてしまったとします。この場合、Aさんの**公表権の侵害**となります。また、その際にBさんがその作品の作者は自分であると記載していた場合、これは同時に**氏名表示権の侵害**にもなります。さらに、Aさんのもとのイラストが横長のものだったとして、Bさんがこれを正方形のサイズにトリミングして発表していたとすると、これは**同一性保持権の侵害**にもなります。

なお、同一性保持権は著作物に対する改変行為を禁止する権利ですから、著作権に含まれる翻案権と適用される場面が共通しており、同一性保持権侵害と翻案権侵害が同時に成立することもあります。ただ、両者の細かい成立要件には違いもあります。たとえば同一性保持権侵害は著作物の題号（タイトル）を改変した場合も成立することが規定されていますが（著作権法二〇条一項）、題号自体は著作物の表現ではないことから、単にタイトルを変更しただけでは翻案権侵害にはならないのが通例です。また、「著作物の性質並びにその利用の目的及び態様に照らしやむを得ないと認められる改変」の場合、同一性保持権侵害の成立は否定されますが（著作権法二〇条二項四号）、翻案権侵害の場合は、このような適用除外はありません。そのため、同一性保持権侵害と翻案権その他の著作権侵害の、どちら一方だけが成立するケースもありえます。

④の**名誉声望保持権**《めいよせいぼうほじけん》は、「著作者の名誉又は声望を害する方法によりその著作物を利用する行為は、その著作者人格権を侵害する行為とみなす」とする著作権法一一三条一一項から導かれる権利であり、作者の名誉や声望を害するような不適切な著作物の利用行為一般を禁止できる権利と捉えられます。具体例として、芸術作品として作られた絵画を性風俗店の看板に使用するようなケースでは、名誉声望保持権の侵害と評価される可能性があります。

著作者人格権を侵害する行為に対して、作者は差止めや損害賠償を請求することができます。また、罰則の適用もあり、加害者に対しては五年以下の懲役または五〇〇万円以下の罰金が科されます（著作権法一一九条二項一号）。著作者人格権侵害も親告罪とされているのは、著作権侵害の場合と同様です（著作権法一二三条一項）。

索引

著者略歴

ニャタBE《べ》

いろいろな仕事を点々としながらイラストの練習を続けて35歳でイラストレーターとして活動を開始。才能のなさを補うために非常に技術偏重のイラストを描く。手法の一部を公開、技術普及に取り組む。おもにソーシャルゲームなどを中心にイラストを描いている。

花井《はない》 裕也《ゆうや》（株式会社アブストラクトエンジン）

大学院修了後、大手電機メーカーでR&Dエンジニアとして AR（拡張現実）の技術開発に携わる。2014年ライゾマティクス（現・株式会社アブストラクトエンジン）に所属。国内外のアート・エンタメ作品で、カメラやプロジェクターなどを用いた数々のビジュアルシステムを開発。2022年より、パブリックドメインと許諾を得た画像のみを学習した画像生成AI「Mitsua Diffusion One」およびAI VTuber「絵藍ミツア」プロジェクトを開始。

谷《たに》 直樹《なおき》

弁護士登録後、都内で企業法務を専門に扱う事務所に3年間在籍。その後、外務省の推薦を受けて国連難民高等弁務官（UNHCR）事務所でも2年間勤務。2018年より長崎にて法律事務所を開業し、中小企業の法務に取り組む。長崎県知財総合支援窓口の登録専門家、長崎県よろず支援拠点のコーディネーターとしても活動。

本文イラスト　ニャタBE
本文デザイン　waonica

画像生成AIと著作権について知っておきたい50の質問

2023年11月25日　第1版第1刷発行

著　者　ニャタBE
花井裕也（株式会社アブストラクトエンジン）
谷　直樹
発行者　村上和夫
発行所　株式会社 オーム社
郵便番号　101-8460
東京都千代田区神田錦町3-1
電話　03(3233)0641(代表)
URL　https://www.ohmsha.co.jp/

組版　waonica　　印刷・製本　壮光舎印刷
ISBN978-4-274-23117-9　Printed in Japan